SYPHON COFFEE PROFESSIONAL TECHNIQUES

冠軍咖啡調理師 虹吸式咖啡全示範

瑞昇文化

SYPHON
By HAROGEN SPOT HEATER

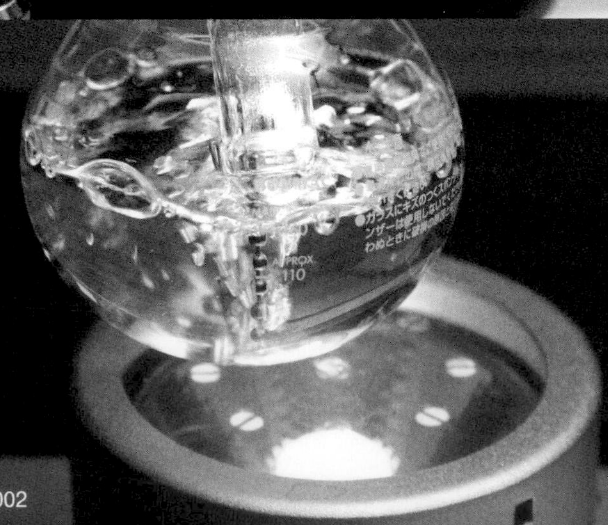

SYPHON
By GAS HEATER

越來越受矚目的虹吸式咖啡

巧妙運用蒸氣吸引原理的「虹吸式（syphon、siphon）」咖啡萃取法據說是英國人於19世紀初發明，另據相關記錄顯示，德國、法國也於同時期開發，惟確切發祥歷史至今不明。20世紀初以虹吸式咖啡壺（vacuum coffee pot）名稱取得美國專利。第一支日本國產虹吸裝置「KONO珈琲SYPHON」於1925年成功研發製造。

日本國產虹吸裝置直到歐洲發明虹吸裝置百餘年後才問世，不過，虹吸裝置能普及深入人們生活也是日本特有的現象。

1970年廣設於日本全國各地，採用「咖啡專門店」經營模式的咖啡店中，已經有不少店家選擇以虹吸裝置萃取咖啡，同時，虹吸裝置也深入一般家庭，成為日本國人相當熟悉的咖啡器具。

2003年日本精品咖啡協會（SCAJ）主辦的日本咖啡大師競賽（JBC）中設置「虹吸式咖啡組」競賽項目也是日本首創。

本書中特別為您邀請到曾於該比賽中榮獲虹吸式咖啡組冠軍殊榮的兩位大師，針對他們長期鑽研的虹吸式咖啡沖煮技巧，或從營業時的作業過程中累積的虹吸式咖啡處理訣竅，做出相當精闢的解說。

2009年首屆世界盃虹吸式咖啡競賽於日本舉行。希望本書能成為未來的虹吸式咖啡師（Siphonist）或立志提昇技術水準的咖啡調理師（Barista）之參考，期望咖啡店更為普及，全世界都能喝到最美味的虹吸式咖啡。

CONTENTS

MECHANISM OF THE SYPHON

虹吸萃取原理

虹吸裝置的各部位名稱
虹吸裝置的萃取結構
何謂虹吸萃取技術？

虹吸裝置的各部位名稱

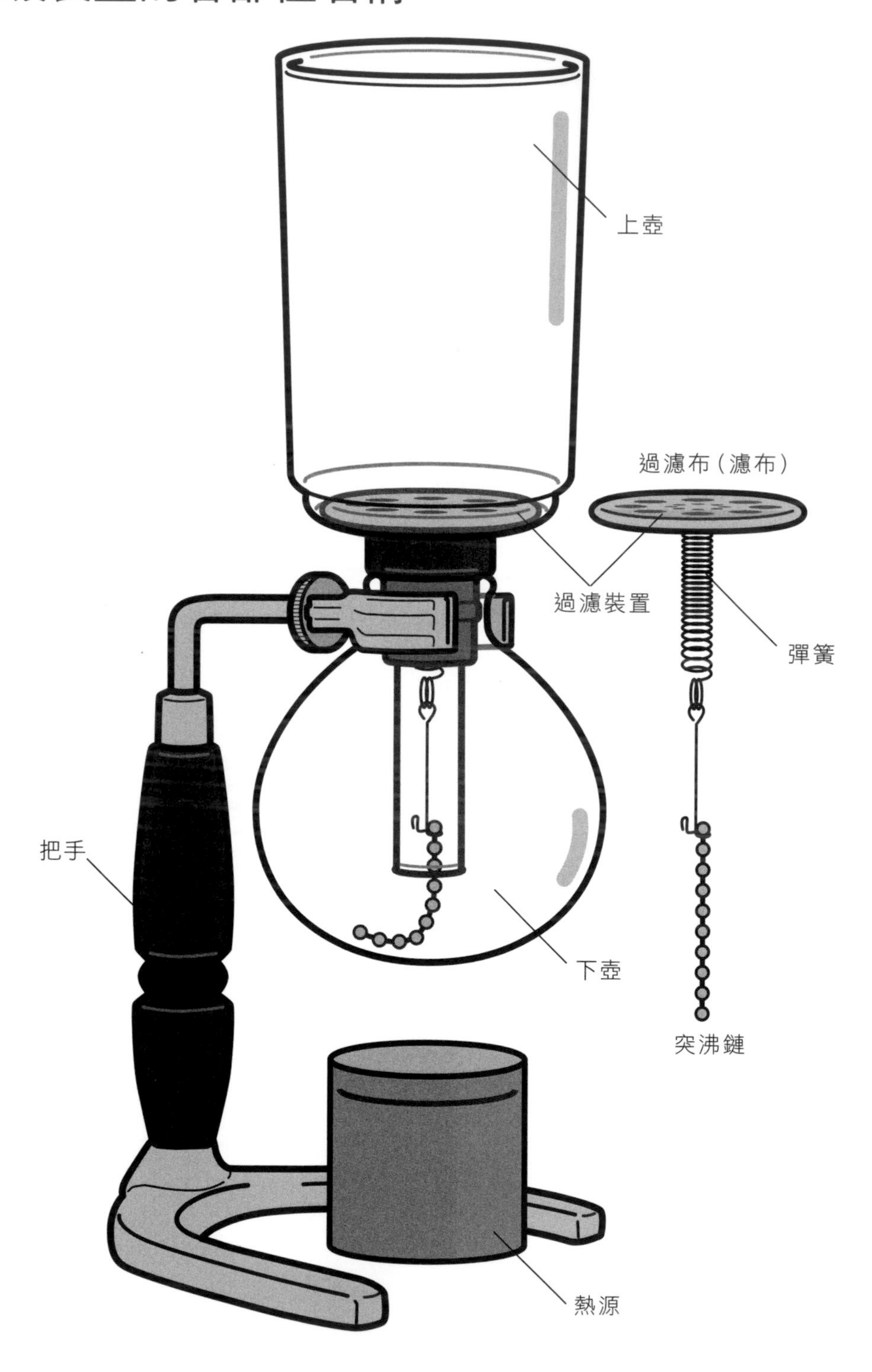

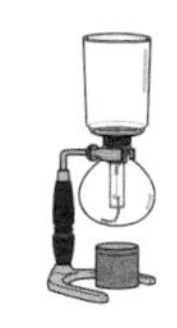

A

FRASCO

下壺

以壺座的夾取部位夾住頸部，用於盛裝熱水的球狀部位就是下壺。通常握住壺座的把手部位後注入熱水。同時握住3支壺座的把手部位，將熱水分別注入下壺中，即可做出極具專業水準的演出。（照片A）

使用2人份虹吸裝置時，下壺容量為320ml。半壺容量為160ml，相當於沖煮1杯熱咖啡的熱水量。（提供份量為150ml）。

下壺表面標示刻度，明白指出沖煮1杯咖啡的熱水量，不過，了解半壺容量相當於1杯份量的話，不需要盯著刻度也能輕易地注入半壺的熱水。將下壺視為圓形，注入熱水至半圓處時，即表示壺裡已裝著160ml熱水（照片B）。3個下壺必須分別注入160ml熱水時亦可採用此要領。

下壺橫向水平擺放，熱水不會溢出壺口，即表示壺裡裝著110ml熱水（照片C）。110ml為萃取冰咖啡的熱水量。

了解以上訣竅後，注入熱水時就不必緊盯著刻度或費心計量，這就是可迅速地完成沖煮作業的專業級處理訣竅。

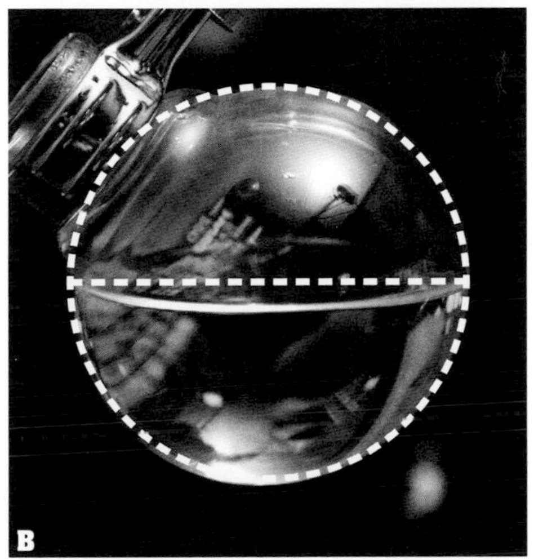

B

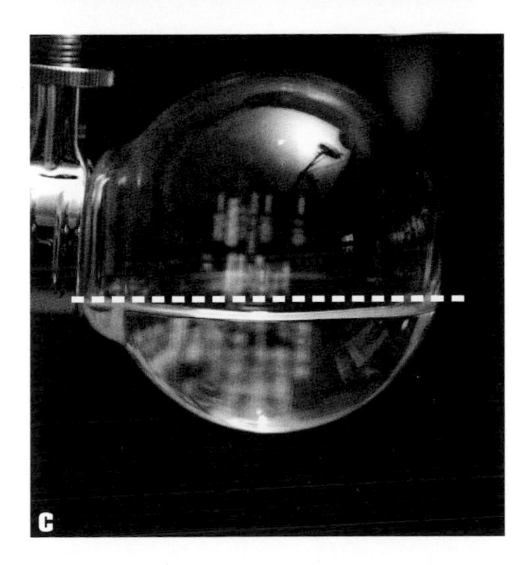

C

HEATER

熱源

可用於煮沸下壺內熱水的熱源為瓦斯、電能（鹵素燈加熱器）和酒精燈。

相對於瓦斯爐火只局部加熱下壺底部，使用鹵素燈加熱器時是全面加熱下壺。使用鹵素燈加熱器的虹吸裝置又稱「光爐虹吸裝置」，鹵素燈光由下往上照射而營造出絕妙的演出效果。

酒精燈的火苗柔和微弱，缺點是易受冷氣等出風之影響。

下壺內熱水尚未煮沸就插入上壺，可能出現熱水溫度不夠高就進入上壺之情形。上壺過度加熱時易因內部空氣溫度不易下降而出現無法吸引咖啡萃取液之情形。

因此，先利用強火促使下壺內熱水吸入上壺，再轉成中火，關成小火等依序調節火力為虹吸萃取過程中至為重要的技巧。

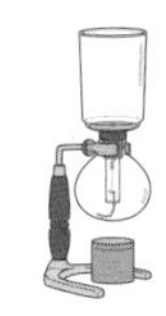

BUMPING CHANE

突沸鏈

安裝在彈簧端部，將過濾裝置鉤在上壺的下方開口處的一小串珠鏈就是突沸鏈。下壺裡垂掛一條突沸鏈，水沸騰時更容易產生泡泡，比較方便以目測方式確認沸騰的情形。

使用全面加熱上壺的鹵素燈加熱器時更需要安裝突沸鏈，沒有安裝的話，很難辨別沸騰的情形，且易因壺內熱水突然沸騰噴出而造成危險，可見突沸鏈是多麼地重要。

壺內熱水沸騰後，突沸鏈周邊冒出3條水泡時就是最佳沸騰狀態，水泡條數多於3條即表示熱水過度沸騰。使用鹵素燈加熱器時，即便降低火力，加熱器表面依然熱氣騰騰，還是會加熱下壺，因此建議移開加熱器上方的壺座，好讓下壺降溫。

突沸鏈

FILTER

過濾裝置

過濾器套上薄法蘭絨材質的濾布即構成過濾裝置。不論虹吸裝置大小，都使用相同尺寸的過濾裝置。

濾布材質因廠牌而略微不同，套濾布時起毛面應位於裡側，如果套上濾布後起毛面在外，過濾裝置容易阻塞。

其次必須確實地綁緊濾布。熱水因強大壓力而從下壺吸入上壺，必須確實綁緊以防濾布鬆脫。

現在的濾布上漿情形沒有過去那麼嚴重，放入熱水中燙煮一下即可使用。選用濾布有明顯上漿情形時，建議先放入咖啡槽萃取1回，再利用熱開水煮掉漿料成分。

過濾裝置一經使用就不能放著隨它乾掉，不用時建議放入乾淨的水中浸泡著（照片A）。

萃取一般調和咖啡（blend coffee）時約可使用50次，過濾裝置因阻塞而變黑時就必須更換濾布。萃取冰咖啡等焙煎程度較深的咖啡時必須及早更換濾布。

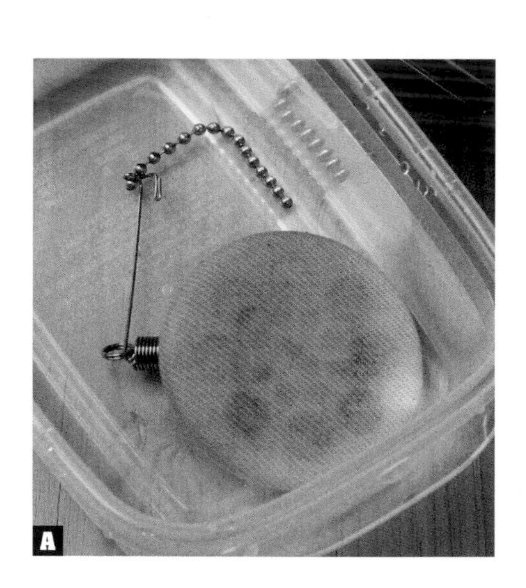

起毛面朝內，將濾布套在過濾器，打3次結後綁緊，剪掉多餘線繩，然後用手將束緊的開口處調整到過濾器的正中央。

先將過濾裝置放入上壺底部，再將彈簧端部的掛鉤扣在上壺底下的開口處，然後利用竹製攪拌棒調整位置，將過濾裝置撥到上壺底部的正中央。

BAMBOO STIRRER

竹製攪拌棒

「攪拌」為下壺內熱水不斷地吸入上壺時促使咖啡粉浸泡到熱水的必要作業，而攪拌時絕對不可或缺的工具為竹製攪拌棒。

不使用竹製攪拌棒也沒關係，使用木製、耐熱塑膠製都OK，不過，竹製攪拌器質地輕盈、便於削切加工，好處多多。

專職咖啡師不會直接使用現成的竹製攪拌棒，通常會針對柄部粗細，攪拌部位的長、寬、厚等量身訂做攪拌棒。照片A的最上面一支攪拌棒為吉良剛先生專屬，照片B左側的竹製攪拌棒為巖康孝先生愛用，兩者都是以現成的竹製攪拌棒削切、加工而成。兩位先生多方揣摩製作、使用後終於確定目前的攪拌棒形狀。

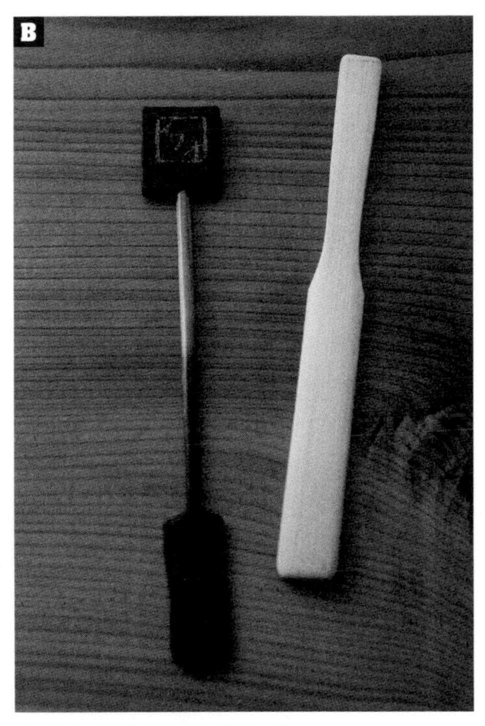

上圖左側就是巖康孝先生愛用的竹製攪拌棒。
右側為竹製攪拌棒削切前的新品狀態。削切後，柄部尾端加上方形小木片以平衡重心。

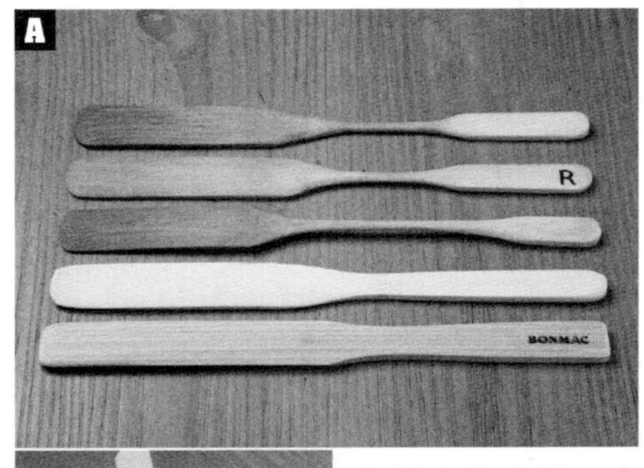

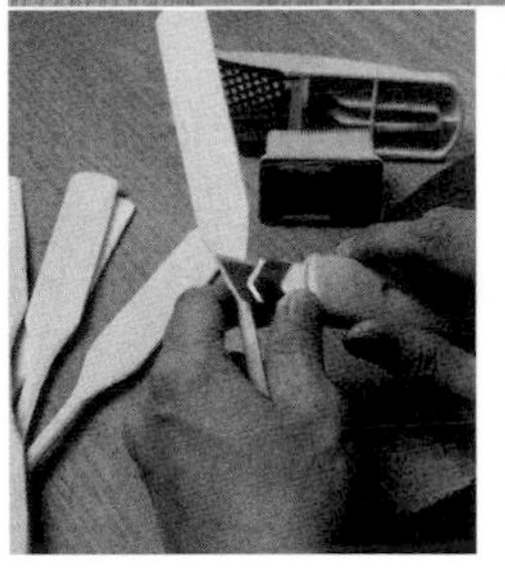

上圖中最上面一支攪拌棒為吉良剛先生愛用的竹製攪拌棒，最下面一支為新品狀態。決定攪拌部位時充分考量大小，希望萃取2人份時也能使用。據説店裡的咖啡師們也都針對柄部粗細或長度，為自己量身打造攪拌棒。

UPPER BOWL

上壺（漏斗狀）

將上壺底部的管狀部位插入下壺中，管狀部位的長度因1人份和3人份虹吸裝置而不同，插入下壺的橡膠管粗細度也因廠牌而略微不同，壺身部位的容量或形狀則因廠牌而不太一樣。上壺中必須裝入過濾裝置後使用，裝好後須確認過濾裝置是否位於上壺底部的正中央，因為即便略微偏位都可能影響及咖啡味道。利用竹製攪拌棒就能輕易地修正偏位情形。

將上壺插入下壺的時機也非常重要。下壺內部空氣因下壺內熱水沸騰而膨脹，促使熱水吸入上壺中。下壺內熱水達70度左右就會進入上壺中。其次，熱水進入上壺後，繼續加熱下壺就會煮沸上壺中的水。持續加熱約1分鐘就會煮沸上壺中的水，因此，以較少的水量萃取冰咖啡時必須格外小心，最好目不轉睛地盯著虹吸裝置。

另一個使用要點為萃取前先利用熱水沖淋上壺以避免從下壺升上來的熱水出現降溫情形。

SYPHON TABLE

虹吸式咖啡調理台

併排著熱源，演出效果絕佳的虹吸式咖啡調理台，照片A為採用鹵素燈加熱器，照片B為使用瓦斯爐的虹吸式咖啡調理台。

虹吸式咖啡調理台該設置在吧台上的哪個位置呢？如何讓虹吸式咖啡調理台面對客席做出最完美的演出呢？如何使虹吸式咖啡調理台成為店中要角呢？每個環節都和咖啡店經營理念息息相關。

擅長於虹吸式咖啡調理作業的專家們一踏入咖啡店時最注意的就是「虹吸式咖啡調理台」，聽說都是以該區域的整齊、乾淨程度推測該咖啡店的技術水準。

A

B

虹吸裝置的萃取結構

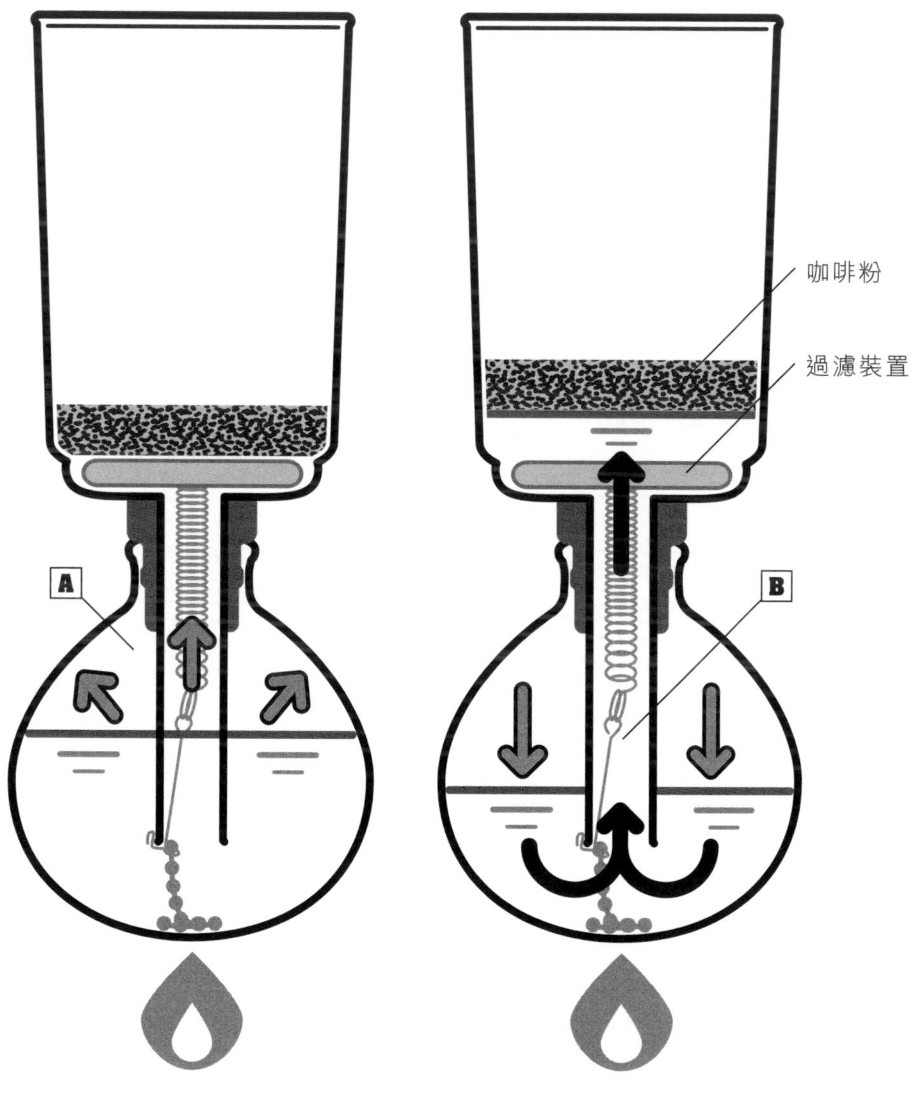

A 下壺內熱水加熱後，下壺內部空氣膨脹，水沸騰後產生水蒸氣，壓力繼續上升。

B 下壺內部空氣壓力上升，壓力影響及熱水後，自然地形成一股促使熱水循著上壺底部管狀部位上升的力道。熱水上升後接觸到先前裝入上壺的咖啡粉。

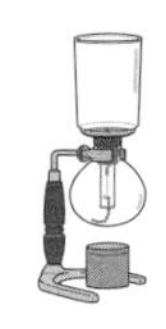

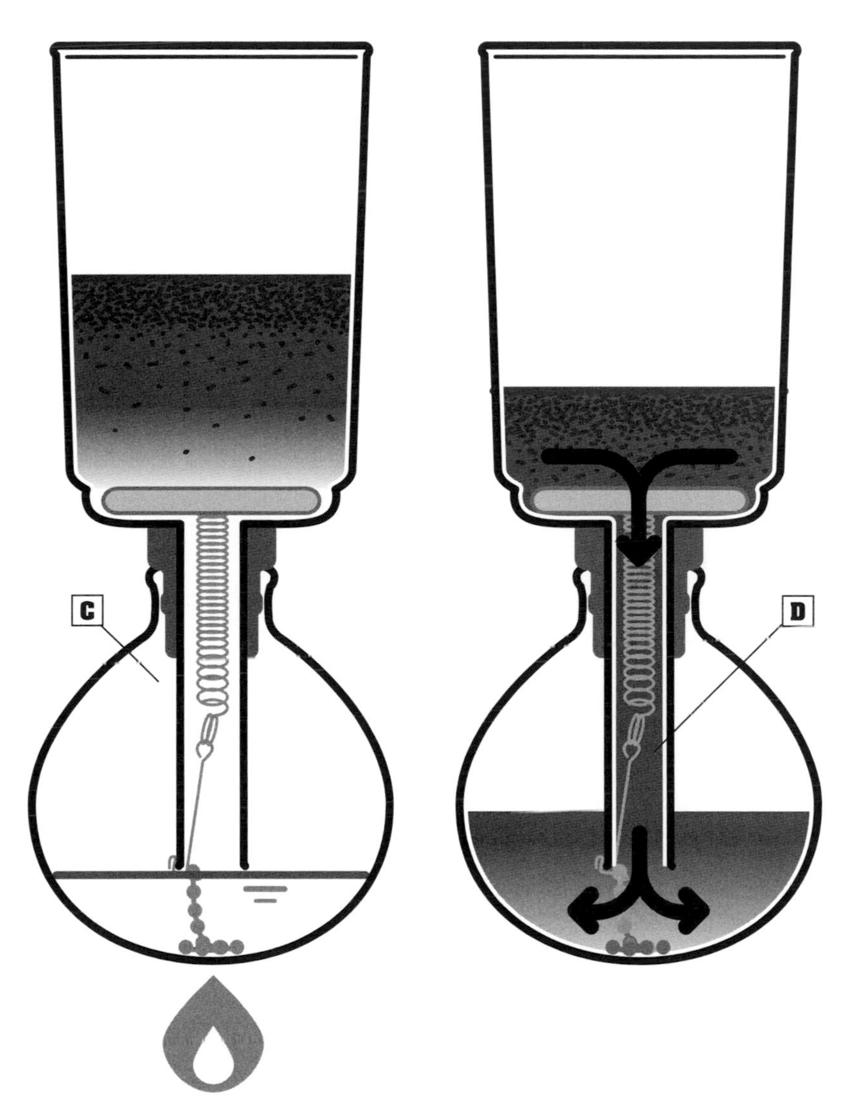

C 持續加熱下壺後，大部分熱水因下壺內壓力而朝著上壺方向移動。加熱過程中一直處於該狀態，咖啡粉就是在這個時候浸泡到熱水。

D 停止加熱後，下壺內部的空氣溫度下降，內部壓力也跟著下降後，自然地形成上壺中咖啡液吸回下壺的作用。上、下壺之間安裝過濾裝置，咖啡液經過後濾掉咖啡渣，剩下的咖啡液回吸入下壺中，完成整個萃取作業。

何謂虹吸萃取技術？

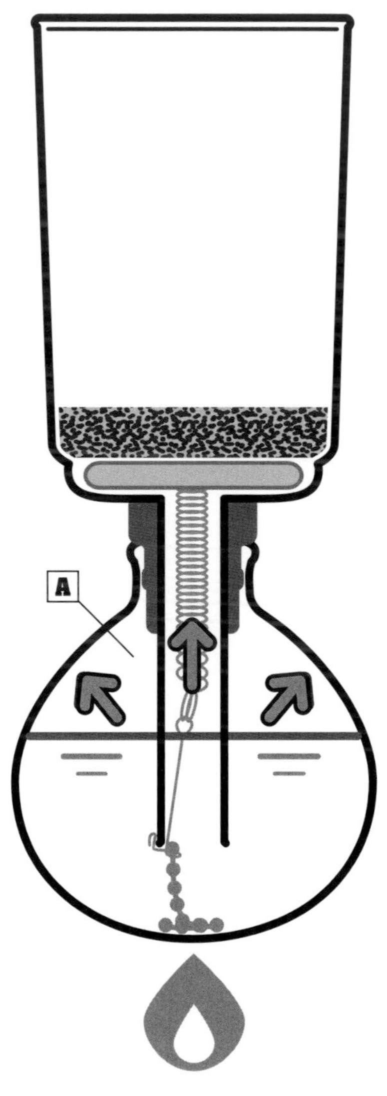

A 下壺內熱水加熱後，下壺內部空氣膨脹，水沸騰後產生水蒸氣，壓力繼續上升。

技術在於插入上壺的時機

先朝著下壺注入足夠萃取1人份咖啡液的熱水。些微的熱水量差異都可能影響及咖啡味道。使用量杯的話，任何人都能輕易測出適當水量，不過，練就可透過目測方式正確測量水量的本事，才夠專業、才能獨當一面，操作起來也比每次都得測量水量迅速許多。

將熱水注入下壺，再由壺底加熱，下壺內部空氣膨脹後熱水自動上升吸入上壺中。「這個階段不需要技術」，有時候容易讓人產生這種想法，千萬別這麼認為喔！

空氣膨脹後將熱水吸入上壺中，並非沸騰後才進入。事實上，下壺中熱水加熱至65度左右就會開始進入上壺中，換句話說，下壺內熱水沸騰後才插入上壺，即可於最適當的溫度下促使熱水吸入上壺中。

繼續加熱下壺即可確實地煮沸壺內熱水。

不過，繼續加熱下壺還是會衍生出其他問題，下壺過度加熱時，熄火後下壺內部空氣的溫度就不容易降下來。內部空氣溫度降不下來，上壺中的咖啡液下降速度就會受影響，咖啡粉浸泡熱水的時間必須延長。

專業技術才能不斷地重現最適當的萃取方法，時而成功、時而失敗還不能算是技術。將上壺插入下壺的作業看起來很簡單，事實上，插入時對於下壺內部熱水溫度、整個下壺的加熱狀態及插入時機都必須精準掌握。

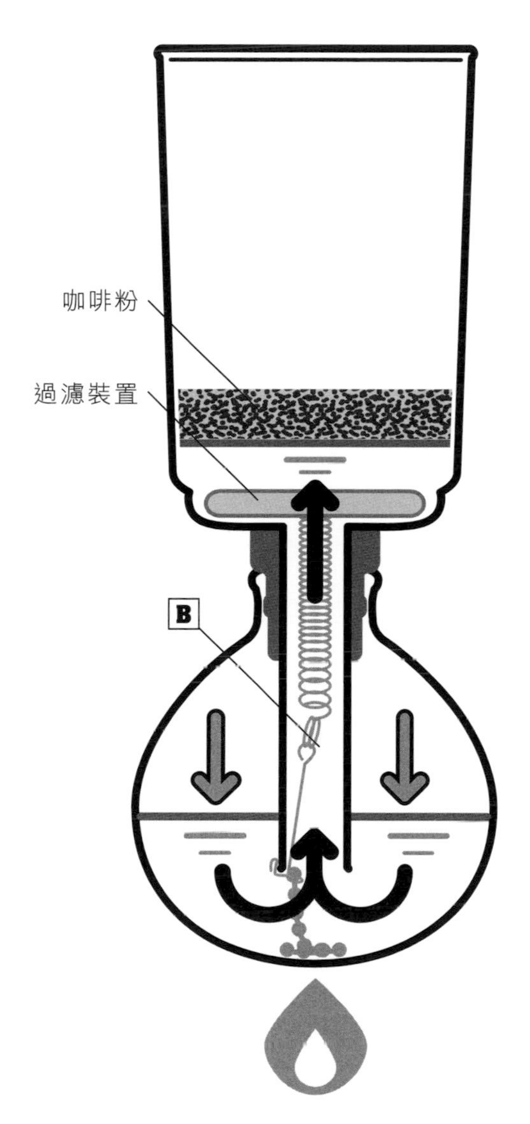

B 下壺內部空氣壓力上升，壓力影響及熱水後，自然地形成一股促使熱水循著上壺底部管狀部位上升的力道。熱水上升後接觸到先前裝入上壺的咖啡粉。

最重要是第一回攪拌必須很順暢

下壺加熱後內部壓力上升而將熱水往上壺方向推升。

熱水上升後接觸到上壺中的咖啡粉。熱水接觸咖啡粉後若維持原狀不加以攪拌，底下的熱水就會繼續地將咖啡粉往上推，然後分成接觸和未接觸到熱水的咖啡粉，因此，「第一回攪拌」為虹吸萃取作業中的必要步驟。

重點為虹吸式咖啡沖煮過程中的第一回攪拌只是為了將咖啡粉溶入熱水中。攪拌力道大小當然會影響及咖啡味道，因此，除了解穩定攪拌的重要性外，建議牢牢記住第一回攪拌的主要目的並不是要用力地攪拌到足以形成對流以萃取出咖啡味道。

第一回攪拌要點為咖啡粉必須同時溶入熱水中，關鍵技巧在於「底下的熱水上升至哪個階段時開始攪拌呢？」等時間上的拿捏，熱水量太少時不易攪拌，上升的熱水量越大越容易攪拌，但可能因咖啡粉接觸和未接觸到熱水而出現萃取不均現象。

看準好時機，避免太用力，儘量在短時間內將咖啡粉均勻地攪拌入熱水中，讓咖啡粉在上壺中靜靜地度過「浸漬」階段，這就是第一回攪拌的主要任務。

為了更順暢地完成攪拌作業，專業咖啡師們對於竹製攪拌棒的形狀或柄部粗細度都非常講究。設計竹製攪拌棒也是專業咖啡師們的看家本領之一。

何謂虹吸萃取技術？

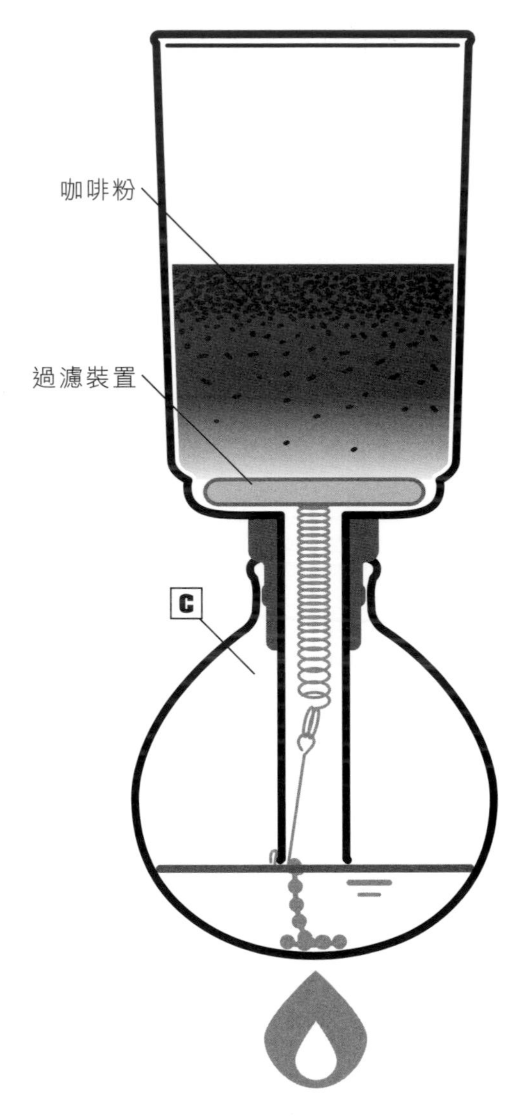

C 持續加熱下壺後，大部分熱水因下壺內壓力而朝著上壺方向移動。加熱過程中一直處於該狀態，咖啡粉就是在這個時候浸泡到熱水。

順利達成每回都穩定浸漬的目標

熱水從下壺吸入上壺後，必須繼續加熱才能維持該狀態。只是加熱而已，不需要技術吧！易讓人產生這種想法，事實上，這個階段還是需要一些技巧。

下壺中的熱水沸騰後吸入上壺時會立即降溫10℃左右，溫度再次回升約需60秒，上壺中的熱水將再次沸騰。咖啡粉溶入熱水後更使得沸點上升，因此水溫可能高達107℃。

亦即：下壺內熱水上升後立即進行的第一回攪拌階段中，咖啡粉是溶入90℃的熱水中，然後，短短的60秒鐘後水溫上升17℃，致使咖啡粉立即處在高温「煮沸」的狀態下。

為避免上述情形之發生，可先開強火促使熱水吸入上壺，完成第一回攪拌後轉成中火，再以小火浸泡咖啡粉。順暢地完成上述步驟即可讓「浸漬」萃取法在最穩定的狀態中完成。

其次為正確地測量浸漬時間。虹吸式咖啡味道可能因浸漬時間差個3、5秒而大不相同，因此必須正確地測量浸漬時間，並於熄火後完成第二回攪拌作業。使用鹵素燈加熱器時，鹵素燈表面餘熱非常高，切斷電源後依然處於高温狀態下，因此建議移開壺座，取下鹵素燈上方的下壺。

第二回攪拌作業也必須迅速、順暢地完成。第二回攪拌任務為排除浸漬過程中滯留於咖啡粉內的氣體。攪拌、釋放氣體後，上層的泡沫變成乳白色，原本為泡沫、咖啡粉和液體的三層結構變成兩層，咖啡液開始下降吸入下壺。

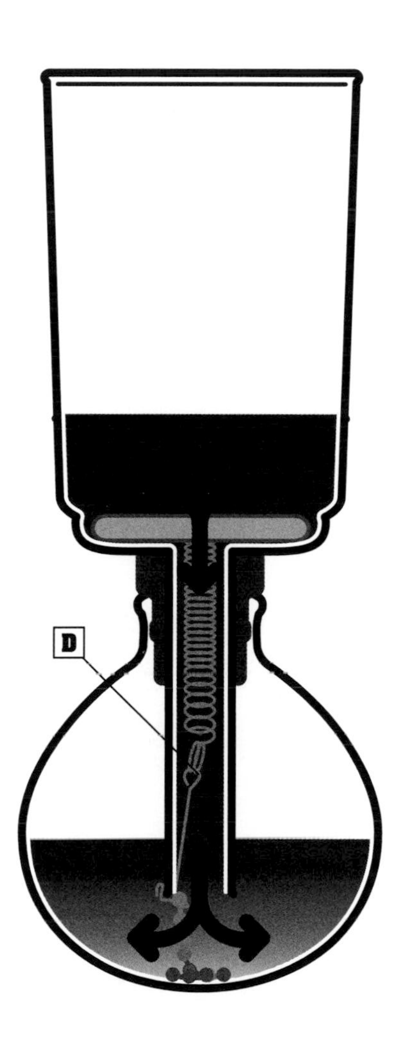

D 停止加熱後，下壺內部的空氣溫度下降，內部壓力也跟著下降後，自然地形成上壺中咖啡液吸回下壺的作用。上、下壺之間安裝過濾裝置，咖啡液經過後濾掉咖啡粉，剩下的咖啡液回吸入下壺中，完成整個萃取作業。

適合咖啡的萃取技術

熄火、完成第二回攪拌後進入最後萃取階段。熄火後不能靜靜地等待咖啡液自然下降吸入下壺，因為下壺過熱的話就會延緩咖啡液下降的速度。

其次，完成萃取作業後可透過萃取裝置上方的咖啡槽形狀確認萃取情形。

接著確認味道，完成上述作業後即可進行各方面修正，這就是虹吸式萃取方式的重大特徵。

專業咖啡師各有調製咖啡的基準（混合、焙煎、份量、粗細）以及沖煮1人份虹吸式咖啡的用水量、浸漬時間。初次萃取的人不妨參考該基準，試著萃取看看，萃取後喝喝看，再拿自己的基準咖啡比較一下會不會太輕或太重，然後試著改變研磨粗細度、調整浸漬時間，找出最適合該種咖啡的萃取方法。

只有虹吸萃取方式才能因應這麼多種類的咖啡豆、焙煎程度。而專業咖啡師必須具備充分運用上述虹吸萃取特徵之技術。

確定研磨粗細度、浸漬時間後，採用虹吸萃取方式的人即可於測量用水量後開始動手萃取咖啡。因此，相較於濾布、濾紙滴漏方式，因萃取人數不同而萃取出不同咖啡味道的情形比較少見。

繼而，萃取後應立即將裝置處理乾淨，及早做好下次萃取的準備工作也是咖啡師應有的專業素養。

SYPHON TECHNIQUES by TSUYOSHI KIRA

吉良 剛

HAROGEN SPOT HEATER

準備

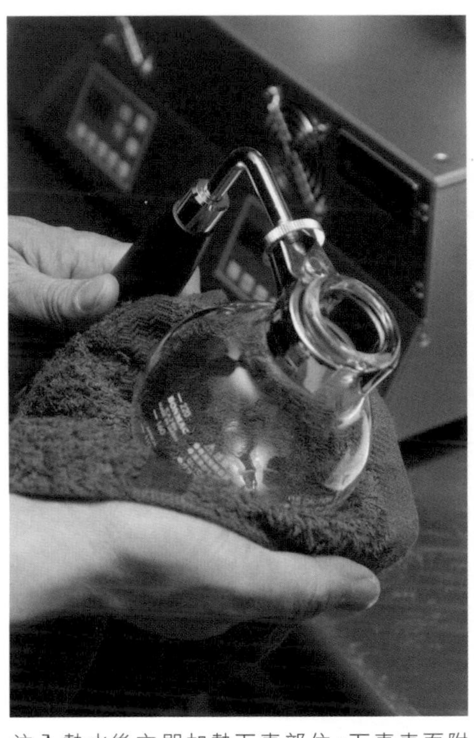

注入熱水後立即加熱下壺部位。下壺表面附著水滴時加熱容易破裂，因此建議加熱前以乾毛巾擦乾水分。最好養成先擦拭下壺，再進入萃取流程的好習慣。

清洗上壺，擺好過濾裝置後插在架子上以備萃取時使用。直接使用的話，熱水上升吸入上壺後就會大幅降溫，因此建議使用前先以熱水沖淋過濾裝置和上壺的下方部位，事先溫熱各部位。全面沖淋熱水可能因太燙而無法拿著上壺，因此建議只溫熱下方部位。

煮沸

先擺好過濾裝置，再將咖啡粉倒入事先温熱的上壺中，倒入時儘量避免咖啡粉附著在上壺內側。然後將熱水注入下壺中。使用鹵素燈加熱器時開強火。直到下壺內熱水煮沸為止，上壺都不會實際地插入下壺。

UN混合係以巴西和哥倫比亞咖啡為主，屬於坦桑尼亞和衣索匹亞•耶加雪夫特調咖啡。焙煎程度為中深焙煎，1人份15g，以Ditting磨豆機處理成5號粗細度。

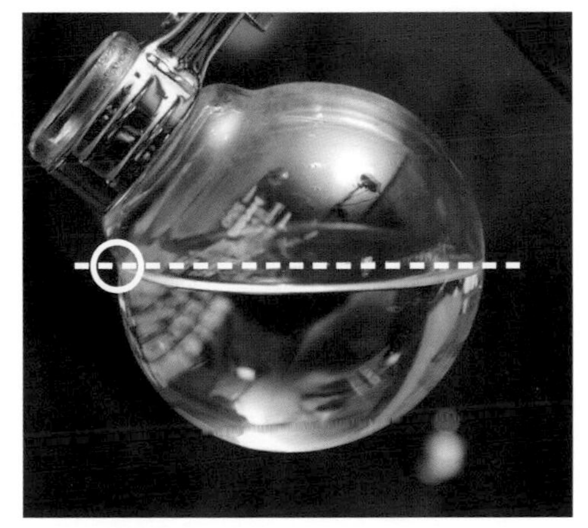

萃取1人份的熱水量為160ml，咖啡粉會吸掉7～8%的熱水，因此實際萃取量為150ml。下壺的夾取部位以下容量為320ml，其中一半為160ml。將下壺視為球狀，注入熱水後，水面上升至銜接夾取部位的曲線下方時，即可透過目測方式，正確地測量出半壺的熱水量。

實際插入上壺

直到下壺內熱水沸騰為止，上壺都不會實際地插入下壺，上壺只斜插入下壺。放入突沸鏈後煮沸。使用鹵素燈加熱器時，加熱後光線就會籠罩著整個下壺，看不清楚沸騰狀況，放入突沸鏈有助於了解沸騰狀況。

下壺內熱水煮沸後才實際地插入上壺。每次萃取到這個階段時，都必須以最恰當且最穩定的熱水上升速度完成萃取作業。沸騰現象增強時，熱水上升的速度也會加快。熱水吸入上壺，溫度下降約10℃後再次回升。沸騰現象增強時，上壺內再次升溫的速度也會跟著加快。

POINT 1

下壺內熱水並非沸騰後才吸入上壺喔！沸騰前插入上壺的話，下壺內熱水將因內部空氣膨脹而於沸騰前就開始吸入上壺中。沸騰前插入上壺的話，熱水加熱至65℃左右就會開始上升。因此，估量熱水吸入上壺的速度，看準沸騰狀態出現的時機，適時地插入上壺至為重要。

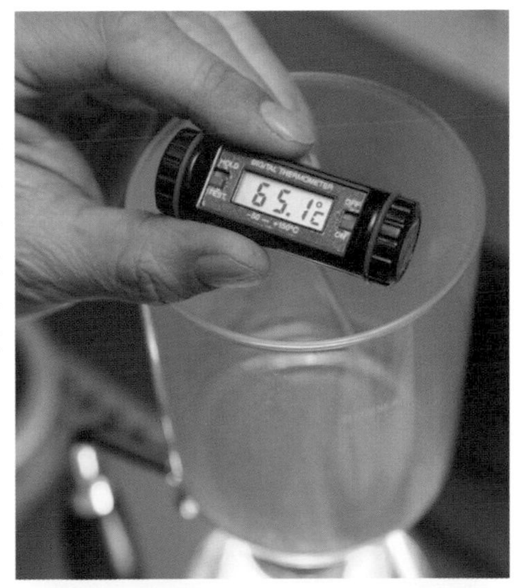

POINT 2

突沸鏈四周接連不斷地出現3列迅速地往上冒的大水泡就是實際插入上壺的好時機，就以此為參考基準吧！冒泡情形超過上述基準即表示過度沸騰，建議暫時移開熱源上方的壺座，等溫度下降，再次冒出3列水泡時趁機插入上壺。

第一回攪拌

實際插入上壺後立即拿起竹製攪拌棒，以最順手的姿勢，迅速地完成第一回攪拌作業。下壺內熱水開始吸入上壺後，將火力稍微調弱一點。

從熱水開始上升至完全吸入上壺為止，完成第一回攪拌作業。熱水不會完全吸入上壺中，無法上升的部分會留在下壺裡，因此必須事先掌握停止吸入的時機。插入上壺後立即將熱水往上吸，因此建議趁停止吸入前，心中默數1、2、3，迅速地在三秒鐘內完成第一回攪拌作業。

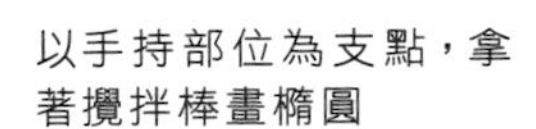

POINT 3

以攪拌棒為軸，像拿筆似地，以拇指、食指、中指3根手指拿著竹製攪拌棒。往逆時鐘方向攪拌，利用攪拌棒端部的平面部位，將浮在水面上的咖啡粉拌入水中。攪拌時應避免形成漩渦，懷著將咖啡粉完全溶入水中的心情，固定住手腕部位，以手持部位為支點，拿著竹製攪拌棒畫橢圓，迅速地完成攪拌作業。

練習攪拌

感覺像利用竹製攪拌棒的平面部位，將浮在水面上的咖啡粉拌入水中。懷著把咖啡粉拌入熱水中的心情，往逆時鐘方向攪拌。攪拌時，竹製攪拌棒端部插入水中2～3公分。攪拌棒完全插入壺底的話，攪拌後從水面上看，咖啡粉已溶入水中，事實上很容易因浮在水面上的咖啡粉未充分攪拌而出現浸漬不均之情形。

浸漬

第一回攪拌處理得宜，從上壺側面即可清楚地看到泡沫、咖啡粉、咖啡液形成的三層結構。完成第一回攪拌後維持原有火力，估量浸漬時間。沖煮照片中的特調咖啡和粗細度（參考P29）將浸漬時間設定為15秒。

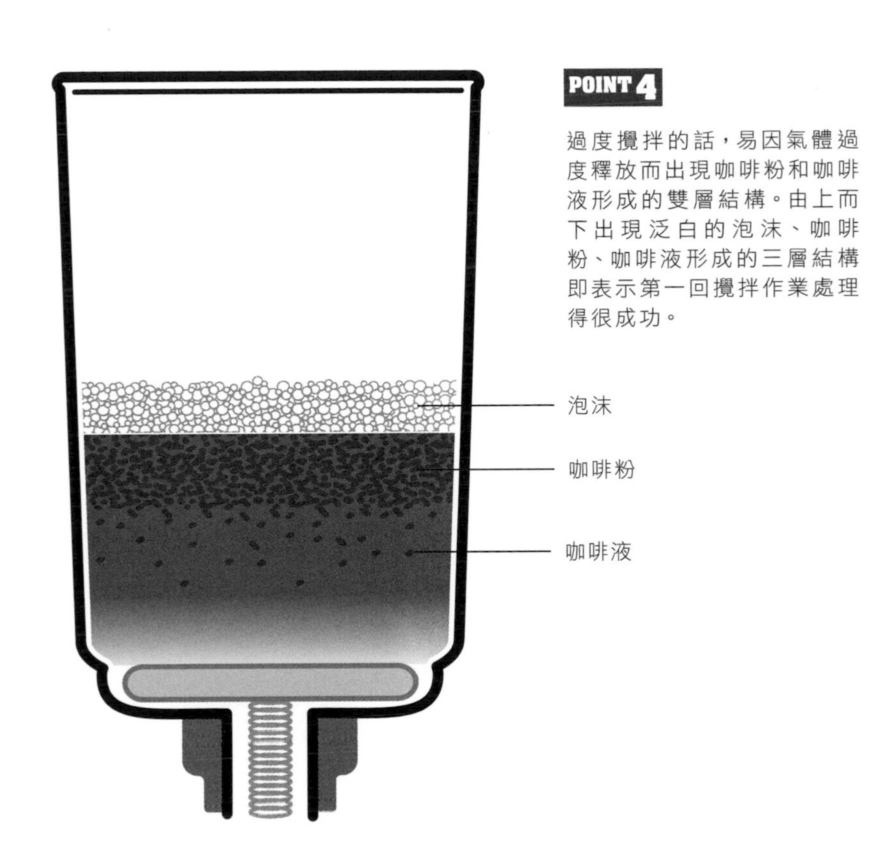

第一回攪拌的目的

攪拌的確為萃取虹吸式咖啡的必要步驟，但，第一回攪拌的主要目的並不是要引出咖啡味道，「浸漬」才是引出味道的主要過程。

採用虹吸萃取方式時，熱水是從咖啡粉底下升上來，不經過攪拌的話，咖啡粉很難溶入熱水中。從旁協助以促使咖啡粉均勻地浸泡入熱水中的動作就叫做「攪拌」。攪拌要點為避免對咖啡粉造成太大壓力，必須極力地在最短的時間內攪拌均勻。

第二回攪拌

利用計時器正確地測量浸漬時間，時間終了後立即進行第二回攪拌。攪拌前先熄火、移開壺座。竹製攪拌棒用法同第一回攪拌。

第二回攪拌的主要目的為釋放氣體以萃取咖啡液。上方的泡沫層迅速地轉變成乳白色時就必須停止攪拌動作，以此為大致基準吧！另一個要點為咖啡液開始下降吸回下壺前完成第二回攪拌作業。

POINT 5

第二回攪拌前先將竹製攪拌棒放入水中涮洗一下，第一回攪拌後，攪拌棒上難免附著些許咖啡粉，直接用於第二回攪拌易影響咖啡味道。

第二回攪拌的目的

透過第一回攪拌將咖啡粉溶入熱水中，經過浸漬後開始萃取咖啡。萃取後咖啡經由過濾裝置濾出咖啡渣，留下咖啡液在吸回下壺前會產生氣體，第二回攪拌的主要目的就是為了釋放掉浸漬過程中產生的氣體，好讓過濾作業更順利地進行。

如同第一回攪拌，第二回攪拌也不是為了引出咖啡味道。

POINT 6

熄火後才進行第二回攪拌。使用鹵素燈加熱器時，即便切斷電源，燈具表面的餘熱依然居高不下，重點是必須同時移開壺座。

Vacuum（吸引）

下壺內溫度下降，壺內自然形成一股吸回咖啡液的力量。下壺加熱後就很難降溫，如果溫度遲遲不下降，上壺內咖啡粉浸漬熱水的時間就會增長。因此，咖啡液開始下降的時間必須一致，一定要確認喔！

咖啡液開始下降吸回下壺的速度也確認一下吧！最後，空氣也經由上壺底下的管子吸回下壺，下壺中出現泡沫。表面上看起來咖啡液是自然地流入下壺，實際情形是壺內產生吸引力把咖啡液吸回下壺中。

POINT 7

第二回攪拌作業處理得宜，壺內就會出現白色泡沫和咖啡液形成的雙層結構，上壺中的咖啡液開始吸回下壺中，雙層結構一直維持到最後一刻即證明壺內產生了絕佳吸引力。

下壺內泡沫靜止下來即可完成萃取作業，可做為參考基準，不過，留在過濾裝置上的咖啡粉堆積成小山丘狀更清楚地表示出萃取作業進行的很成功。

POINT 8

咖啡液開始吸入下壺過程中，如果還在動手攪拌，咖啡粉就不會堆積成小山丘狀。其次，第二回攪拌不充分，氣體未釋放也不會形成，此外，咖啡粉太細也不會堆積成小山丘狀。

虹吸式咖啡的最大特徵為味道非常純淨。太用力攪拌的話，易萃取出混濁的咖啡液，或舌頭舔到微粒子而有沙沙的感覺。必須於最後萃取階段檢查一下咖啡液，確認是否需要調整浸漬時間或研磨粗細度。

萃取理論

虹吸式咖啡是採用浸漬方式，將咖啡粉溶入熱水後萃取出來的，特徵為除萃取出更濃醇的咖啡液外，還利用空氣壓力，經由裝上薄法蘭絨的過濾裝置濾掉咖啡渣，萃取出最清爽、純淨的好味道。虹吸式咖啡因味道特別清爽而更容易品嚐出回甘的好滋味。

當然，必須是適當的萃取方法才能淋漓盡致地萃取出虹吸式咖啡特徵，採用方法不適當就會萃取出雜味。萃取過程中易產生雜味的因素非常多，採用虹吸式萃取方法的訣竅是留意各種因素，採用最適當的方法。

最重要因素為萃取溫度和萃取時間。

浸漬咖啡粉的熱水溫度隨上壺實際插入下壺的時機而改變。把水注入下壺，直接實際插入上壺後點火加熱，當熱水吸入上壺後測量溫度時發現，水溫只有60℃左右。以溫度不夠高的熱水浸漬咖啡粉易萃取出混濁或澀口的咖啡液。

最好於下壺內熱水煮沸後才實際插入上壺，不過，長時間煮沸後插入上壺，如果再以相同火力繼續加熱，上壺內熱水溫度會提早上升。

下壺內熱水吸入上壺後通常會降溫約10℃，大約下降至90℃左右，不過，即便轉成弱火，約莫1分鐘後，上壺內熱水還是會煮沸。假使維持強火狀態，30秒左右就會煮沸。以溫度太高的熱水浸漬咖啡粉，易萃取出混濁、澀口等雜味，萃取出索然無味的咖啡液。

調整火力即可使上壺內熱水溫度維持在93～96℃之間，促使咖啡特有可溶性固形物溶解入熱水中，因此是非常重要的技巧。

具體而言，希望下壺內熱水吸入上壺時必須開強火。熱水吸入上壺後，將火力調弱一點，進行第一回攪拌，而後的浸泡過程中，再調為小火。

萃取時間即浸漬時間，指第一回攪拌至第二回攪拌之間的時間。萃取時間越長，熱水中含咖啡特有可溶性固形物的成分越高。如前所述，即便轉成弱火，下壺繼續維持在過熱狀態下，約莫1分鐘，上壺內熱水就會沸騰。因此，虹吸式咖啡的萃取時間基本上應設定為60秒以內。

淺焙煎咖啡豆採中研磨～粗研磨，將萃取時間設定為30秒～45秒，更容易沖煮出淺焙煎特有，酸甜味適中的美味咖啡。

深焙煎咖啡豆採細研磨～中研磨，將萃取時間設定為15秒～30秒，有助於萃取出深焙煎特有的甘苦味道和濃醇口感。

其次，沖煮虹吸式咖啡過程中的「第二回攪拌」作業和雜味關係最密切。虹吸萃取過程中的攪拌和烹調佳餚、調製雞尾酒過程中的攪拌用意大不相同，萃取時必須了解這一點。虹吸萃取過程中的攪拌是為了將咖啡粉溶入熱水中，並非為了引出咖啡味道，因此，應儘量避免對咖啡粉造成太大壓力，最好在短時間內完成攪拌作業，採用比較不會影響咖啡味道的攪拌方式。

掌握以上要點除可充分凸顯虹吸式咖啡魅力外，還可廣泛用於處理各種咖啡或焙煎程度。

事後整理

完成萃取作業後把實際插入下壺的上壺取下。手握壺座的把手部位，拇指往斜上方輕輕一推即可取下。手抓上壺用力拔出，易導致上壺破裂，非常危險，絕對不能這麼做。

清洗

店裡清洗時並未取出壺底的過濾裝置，而是將園藝專用灑水軟管套在水龍頭上，形成細細的水流，利用水壓強度將過濾裝置的表面或周圍的咖啡槽沖洗乾淨。過濾裝置當然可拆下來沖洗，缺點是該部位的彈簧易因拆拆裝裝而失去彈性，因而想出不拆裝直接洗淨的好點子。

過濾裝置的維護保養

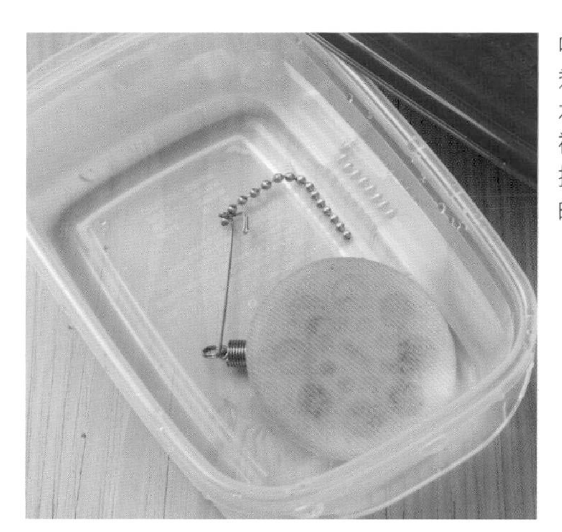

咖啡店打烊後先將過濾裝置煮沸5～10分鐘，擺在裝著清水的密封容器中，放入冰箱裡，重點為避免過濾裝置乾掉。使用50～70回後換上新的濾布吧！

虹吸裝置的事前準備

上、下壺都一樣，表面一旦損傷就很容易破裂，因此建議於咖啡店打烊後利用質地柔軟的海綿清洗乾淨，洗好後利用柔軟的布將水分擦乾淨，下壺裝水後整齊地排成一整列，裝水可避免灰塵進入壺中。夾住下壺的壺座夾取部位易藏汙納垢，必須以人工方式定期地清洗乾淨。

虹吸萃取原理 應用篇
萃取 2 人份咖啡

將2人份咖啡粉（25g）倒入上壺中，粉量增加後，倒入上壺時，咖啡粉易附著在上壺內壁，因此必須很小心。虹吸式咖啡師吉良先生都是以直徑6公分的不鏽鋼杯將咖啡粉倒入上壺中，因為是不鏽鋼材質，咖啡粉比較不會產生靜電而附著在壺壁上。和沖煮1人份咖啡時一樣，下壺中裝著160ml的熱水，準備開始萃取咖啡。

下壺內熱水煮沸後確實地插入上壺，熱水上升後，先將火力調弱一點，再完成第一回攪拌作業，攪拌方法和萃取1人份時一樣。

POINT

補充的熱水量因咖啡粉量、研磨粗細度而不同。即便沖煮同一種咖啡，泡沫的出現方式還是會因為焙煎後天數而不同，因此無法以「補充熱水後該距離壺口幾公分」定出統一的標準，只能以「沖煮這種咖啡時，補充熱水至氣體下方的這條線上升到這裡為止」為確認時的大致基準。事先估量咖啡粉的吸水量，補充熱水至略少於一整壺（320ml），但足以萃取2人份（300ml）咖啡液，即表示已達到相當專業的水準。

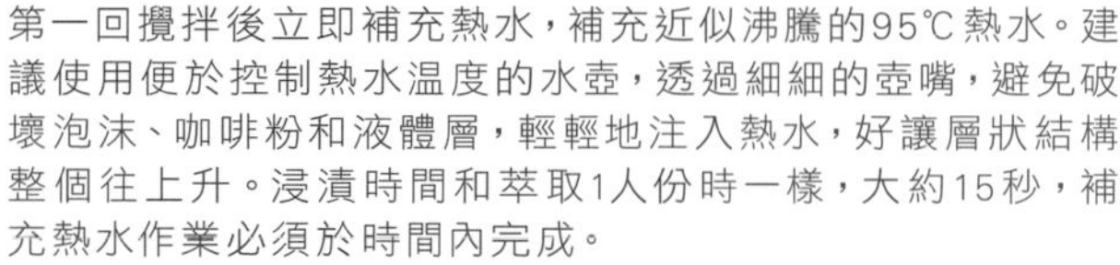
第一回攪拌後立即補充熱水，補充近似沸騰的95℃熱水。建議使用便於控制熱水溫度的水壺，透過細細的壺嘴，避免破壞泡沫、咖啡粉和液體層，輕輕地注入熱水，好讓層狀結構整個往上升。浸漬時間和萃取1人份時一樣，大約15秒，補充熱水作業必須於時間內完成。

設定浸泡時間，時間終了後熄火，移開鹵素燈熱源上方的下壺後進行第二回攪拌。熱水量多於萃取1人份，攪拌方法則相同。充分考量竹製攪拌棒端部面積，削出萃取2人份時也能使用的攪拌棒。

萃取作業處理得宜，過濾裝置上的咖啡粉堆積成小山丘狀，和萃取1人份時一樣，取走上壺後咖啡液也不會溢出，剛好萃取出2人份咖啡液。

虹吸萃取原理 應用篇
冰咖啡

虹吸式咖啡師吉良先生堅信，以虹吸裝置一杯一杯地萃取的冰咖啡，絕對比其他方式萃取的更美味。難免會萃取出冰咖啡特有的苦味，不過馬上就會消失，而且還能嚐到回甘的好滋味，另一個特徵為香氣怡人。

以巴西、坦桑尼亞和曼特寧調配的特調咖啡沖煮冰咖啡。採用深焙煎（full city），焙煎後擺放一星期，表面泛著油光，充滿焙煎豆特徵後使用。沖煮1人份時使用20g，研磨粗細度介於細研磨和極細研磨之間，熱水量為110ml。煮沸後實際插入上壺，熱水吸入上壺後先將火力調弱一點，完成第一回攪拌作業，攪拌方法同萃取調和咖啡。

浸漬時間為50秒，浸漬時間較長，即便轉為弱火，熱水溫度還是可能上升至近似沸騰，最好維持在93℃左右，因此，發現熱水溫度太高時，建議將熱源上方的壺座移開以便調節為適當的溫度。

浸漬時間終了後熄火，移開熱源上方的壺座後完成第二回攪拌作業。釋放氣體後，咖啡粉和液體形成雙層結構時停止攪拌，然後靜靜地等待咖啡液吸回下壺中。咖啡粉會吸走12～13%的水分，因此萃取出00ml的咖啡液。

玻璃杯裝入9顆方形小冰塊（每塊重20g），萃取咖啡液後注入杯中，急速冷卻後即完成一杯充滿香濃味道、清新口感等虹吸式咖啡特色的冰咖啡。

冰鎮熟成要點

冰咖啡冰鎮熟成後更潤口。冰咖啡冷藏後香氣減弱，不過喝起來卻更順口。冰咖啡歐蕾冰鎮後風味更是好得沒話說。

建議以90g冰塊冰鎮1杯冰咖啡。容量為1800ml的容器裝入810g冰塊後，用於冰鎮810ml的咖啡萃取液，然後放入冰箱冷藏備用，客人點用時才注入裝著冰塊的玻璃杯中端上桌。

虹吸萃取原理 應用篇

香料咖啡

散發肉桂獨特香氣的咖啡。虹吸式咖啡口感特別清爽，非常適合添加香料，和煉乳最對味，缺點是添加後味道容易轉移到過濾裝置、上壺、下壺或竹製攪拌棒上，因此建議另外準備一套香料咖啡專用虹吸萃取工具。

沖煮1人份時需準備15g咖啡粉，宜選用焙煎程度較深的咖啡。將1g肉桂粉和咖啡粉一起倒入上壺中。

熱水用量同萃取調和咖啡，1人份為160ml。突沸鏈周邊出現3條接連不斷地往上冒的水泡時就是插入上壺的絕佳時機。

熱水吸入上壺後，將火力調弱一點，完成第一回攪拌作業。攪拌方法同萃取調和咖啡，萃取過程也一樣。

浸漬時間設定為15秒，浸漬時間終了後熄火，將熱源上方的壺座移開，完成第二回攪拌作業後靜待咖啡液吸入下壺中。肉桂味道無法透過清洗而完全消除，因此，包括上/下壺、過濾裝置、竹製攪拌棒等，建議另外準備一套香料咖啡專用虹吸萃取工具。

紅茶

採用浸漬法，因此紅茶也非常適合採用虹吸萃取方式，而且萃取出來的茶湯更純淨，缺點是紅茶味道容易轉移到工具上，因此建議另外準備一套專用工具。

將沖煮1人份紅茶的茶葉（3g）倒入上壺中，使用加味茶（Flavored Tea）等香氣較重的紅茶時，建議另外準備一套虹吸萃取工具。

萃取1人份的熱水量為160ml，下壺內熱水沸騰後實際插入上壺，過程如同萃取咖啡。

熱水吸入上壺後，將火力調弱一點，完成第一回攪拌作業。萃取紅茶時，除了將茶葉溶入熱水外，還得將葉片攪拌開來。

浸漬時間設定為60～90秒，因紅茶的茶葉種類或形狀而不同。轉成弱火後，上壺內熱水依然會煮沸，因此必須很小心。萃取紅茶時，熱水可加溫至即將沸騰，不過，煮沸上壺內熱水相當危險，應儘量避免。

浸漬時間終了後熄火，移開熱源上方的壺座後進行第二回攪拌，攪拌方法和沖煮咖啡時一樣。

相較於萃取咖啡時，紅茶的浸漬時間比較長，因此下壺一直處於高溫狀態，而且需要多一些時間茶湯才會開始吸回下壺中，優點是可慢工出細活地萃取出更純淨的味道。

虹吸式咖啡萃取裝置的擺設方式（以慣用右手的人為例）

咖啡萃取作業必須站在虹吸式咖啡調理台前完成。以調理台為中心，工作效率因左、右兩側的器具配置情形而大不相同。以慣用右手的人為例，面向調理台，將煮沸壺設置在右側，須提起煮沸壺將熱水注入下壺時操作起來更方便，左側建議設置咖啡豆儲存櫃（stocker），再依據客人點用咖啡次數排列，擺放在伸手就能拿到的位置。儲存櫃旁擺放研磨機以方便研磨咖啡豆。轉身改變一下身體方向後，伸手就能拿到熱水或咖啡豆，這就是操作效率絕佳的虹吸式咖啡萃取裝置的擺設方式。

虹吸式咖啡調理台的演出效果

將虹吸式咖啡調理台設置在吧台區席位上的客人最容易看到的位置。下壺加熱過程中極少出現突沸現象，不過，位置太靠近吧台區席位時，調理台和客人之間最好以玻璃區隔開來。隨時留意客人的視線，攪拌時左手靠在上壺旁邊或微微地動著手指，隨時以最專業的動作面對客人。

同時提供 3 杯不同類型咖啡的萃取實況

三人同行的客人分別點用strong type（浸漬時間15秒）、mild type（浸漬時間30秒）、冰咖啡（浸漬時間50秒），如何萃取才能同時提供3杯不同類型的咖啡呢？

先準備下壺，2個注入160ml，1個注入110ml的熱水，熱水煮沸過程中分別量好咖啡豆，研磨後分別倒入上壺中。熱水煮沸後先實際插入用於萃取冰咖啡，浸漬時間需要長一點的上壺。

熱水上升後，將火力調弱一點，完成第一回攪拌，設定浸漬時間，然後趁浸漬空檔實際插入用於萃取溫潤特調（mild blend）咖啡的上壺，熱水上升後將火力調弱一點，再完成攪拌作業。緊接著插入用於萃取濃郁特調（strong blend）咖啡的上壺，熱水上升後攪拌。攪拌後留意時間，率先完成第一回攪拌作業的冰咖啡必須於此時進行第二回攪拌，然後依序完成其他裝置的第二回攪拌作業，即可同時提供3杯「現萃取」咖啡。

同時提供 3 杯相同類型咖啡的萃取實況

三人同行的客人同時點用3杯相同類型的特調咖啡時，不能眼見下壺內熱水煮沸就同時插入上壺喔！必須錯開實際插入上壺的時間。先算好三個上壺的插入時間，然後錯開時間，好讓完成第一回攪拌作業後，下一個虹吸裝置的熱水正好吸入上壺中。同時插入三個上壺的話，攪拌第一個上壺時，另外兩個虹吸裝置的熱水也吸入上壺，就無法萃取出相同濃醇香的咖啡味道。三位客人同時點用3杯相同類型的調和咖啡時，使用三個可萃取1人份咖啡的虹吸壺，操作效率遠優於同時使用一個2人份和一個1人份的虹吸壺。

SYPHON TECHNIQUES By
YASUTAKA IWAO
巖 康孝

GAS HEATER

萃取理論

巖先生說：「因為我曾在老家開的咖啡店裡使用過虹吸裝置，所以對虹吸萃取方式相當熟悉，實際使用過後更發現，這種方式和自己的感覺非常契合。」是的，調節火力或攪拌等動作、使用兩種以上咖啡豆、同時萃取兩杯以上咖啡等，必須親手掌控萃取的要素非常多，以及萃取過程中的速度感，都是讓他繼續採用虹吸萃取方式的重大理由。此外，浸漬或虹吸過程中可充分運用空檔，方便一併處理其他作業，咖啡店裡的萃取作業中也充分地運用過該優點。

其次，虹吸裝置才可能萃取出來的純淨度等美好味道也是非常吸引他之處。「我曾經很努力地想萃取出近似滴漏式萃取方式處理出來的咖啡味道，可惜因味道萃取過度而失去了純淨口感，不過，當時的經驗反而讓我發現了虹吸萃取方式的優點」，重新檢視過自己喜歡的味道後，更加積極地追求能凸顯出虹吸式咖啡特色的好滋味，成功地拓展了咖啡相關認知範疇，為客人們提供更多的選項，終於找到了自己該努力的方向。

巖先生認為，必須以「工具即手足」的感覺善加利用，具備隨時都能掌控味道的專業素養，才能排除無法維持一貫水準的情形，達到自己設定的味道基準。因此他不斷地設法排除萃取過程中的不確定因素，深入思考操作每個動作之理由，透過咖啡店內工作，積極地提昇技術水準。

巖先生說：「目前趨勢的確是理論超越了實務，事實上，必須具備某種程度的自由度才可能表現出咖啡店的獨特味道。繼續努力，一定能找到適合自己依循的基準。」。以客人們追求的味道為本，從端出一杯咖啡追溯至咖啡的萃取過程，在條件隨時會改變的情況中，為了創作出一杯最經典的咖啡，有時候連攪拌強度或研磨粗

細度都會出現微妙的變化。

這回介紹的作法也一樣，只是技術上的一小部分，重點為必須積極拓展技術領域，以「這麼做就會出現這種結果」的感覺，更深入地了解原料。「和一般理論或許不一樣，不過，透過自己和客人們的對話，親自驗證後創作出來的味道就是自己最堅強的後盾」，建議在自己的依循準則中，堅守本分，全心全意地投入以端出最美味的咖啡。

這是一項必須具備專業素養，隨時達到相同味道要求的工作，處理過程越簡單，越能感受出其中差異，越容易因些微差異而對一杯咖啡造成重大影響。沒有絕對完美的味道，只能盡力地維持一貫水準以提供近似完美的味道，還有必須持續地提昇精確度。更重要的是誠如嚴先生所言，「這是一項沒有人喝的話就失去意義，不是自己滿意就夠，必須聽到客人們的評價

準備

下壺注入160ml熱水，量好16g中細研磨的咖啡粉，上壺先斜插入下壺。下壺表面附著水滴時易導致龜裂或破裂，所以必須於加熱前擦乾水分。

◎熱水 1人份160ml

◎咖啡粉 16g

◎下壺

◎確認過濾裝置的位置

POINT

上壺和過濾裝置邊緣出現空隙的話，熱水吸入上壺時，易因氣泡溢出而出現自然攪拌現象。

煮沸

◎加熱用火力

◎萃取用加熱

以主火（main burner）確實煮沸下壺內熱水後，靜待壺內沸騰狀態靜止下來。下壺底部出現悄悄地、接連不斷地往上冒的氣泡就是可穩定萃取的基本狀態。

◎火力

POINT

萃取之際常燃小火（pilot burner），即火苗頂端可接觸到下壺底部，就以此為調節火力基準吧！設有2個加熱管道時的使用要點為區分成加熱用和萃取用火力。

實際插入上壺

調節成適當火力以維持下壺內熱水沸騰狀態，然後垂直插入上壺。輕輕地搖動上壺好讓咖啡粉更平均。

POINT

實際插入上壺前，促使下壺內熱水呈旋轉狀態，好讓熱水更順暢地吸入上壺。避開氣泡吸引熱水，即可防止突沸現象之發生，讓熱水更順暢地往上吸。

開始萃取

POINT

下壺內熱水吸入上壺時，火力調節得宜，就會呈現出咖啡粉靜靜地往上推的狀態。重點為必須掌控熱水往上吸的情形，掌握第一回攪拌的時機。

◎熱水上吸過程

火力調節得宜，下壺內壓力穩定，咖啡粉就會隨著熱水往上升而不會被沖散。火力太強時，咖啡粉易因下壺內壓力而被沖散，導致萃取不均，所以一定要很小心。

第一回攪拌

POINT

熱水完全吸入上壺約需10秒鐘，掌握咖啡粉開始上升後的時機，適時地攪拌即可避免咖啡粉的底面和表面接觸熱水時出現「時間差」。

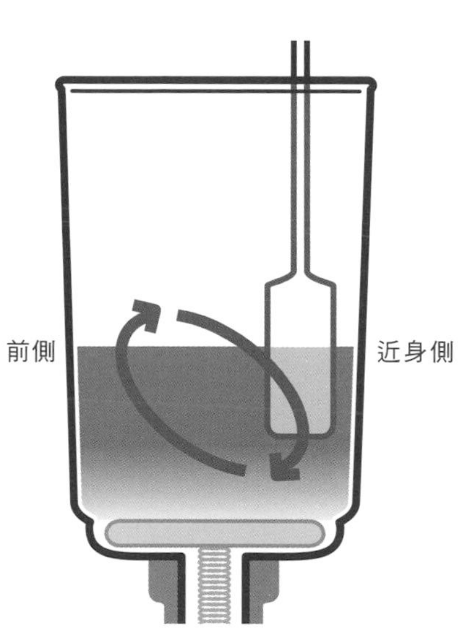

以手持部位為支點，拿著攪拌棒畫橢圓。

POINT

避免對咖啡粉造成太大的壓力，邊微微地描畫橢圓，邊往前後攪拌5～6回，將咖啡粉均勻地溶解入熱水中。懷著搖船槳的感覺，往外時像切熱水，往內時像推熱水地完成攪拌作業。

◎攪拌棒的插入深度

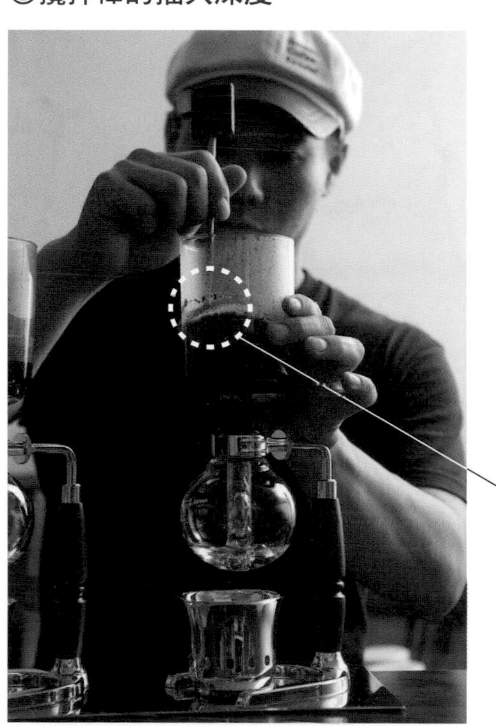

以拿筆要領拿起攪拌棒，避免端部碰觸到過濾裝置，但以幾乎碰觸到的深度插入上壺中，再以指尖為支點，感覺好像往前、往後撥動，將力道控制在最低限度，非常專注地、均勻地、順暢地攪拌。

POINT

完成第一回攪拌作業後，上壺內呈現細咖啡粉、粗咖啡粉、咖啡液形成的三層結構。火力調節得當就會繼續維持層狀結構，然後靜止下來，30秒後即萃取出咖啡成分。

第一回攪拌的目的

和使用濾紙，採用滴漏蒸煮萃取方式時一樣，最重要流程為注入熱水，最大處理要點為必須在短時間內，迅速地攪拌，將咖啡粉溶解入熱水中，非常有效率地萃取出咖啡成分。

浸漬

必須適度地調節火力，穩定下壺內壓力，才能確保上壺內的層狀結構，穩定地完成浸漬作業。火力太強時易因形成對流而引發自然攪拌，造成過度萃取。

第二回攪拌

浸漬後熄火，同時進行第二回攪拌。輕輕地攪拌3～5回，迅速地釋放掉咖啡豆產生的氣體，更順利地過濾出咖啡成分。

◎熄火

POINT

熄火的瞬間就開始攪拌，掌握第二回攪拌作業完成後的絕佳時機，計算咖啡液回吸入下壺的時間。攪拌過度易釋放出雜味，不能掉以輕心。

第二回攪拌的目的

主要目的為釋放掉咖啡豆產生的氣體，將咖啡成分溶入熱水中，把咖啡液完全吸回下壺中。促使微粉伴隨氣體浮在水面上以便更順暢地過濾咖啡液。

Vacuum（吸引）

▶

POINT

萃取出虹吸式咖啡獨特味道的最後一個過程就是吸引。最佳狀況為咖啡液迅速地穿過泡沫狀態吸回下壺。下壺內壓力越低，吸入力道越弱，壓力越大，吸引力道越強。

POINT

萃取咖啡液後吸回下壺中，留在過濾裝置上的咖啡粉表面浮山　層蓬鬆的白色泡沫，咖啡粉堆積成小山丘狀就是最佳萃取狀態，就以此為大致基準吧！（小山丘狀高度因咖啡豆狀態而不同）。

將咖啡液注入杯中

完成萃取作業後，將咖啡液注入咖啡杯前，轉動下壺讓熱水過濾得更乾淨，以便萃取出相同濃度的咖啡液。

取走上壺，將咖啡液注入事先經隔水加熱的咖啡杯中，萃取咖啡液約125～130ml，工具使用後分別清洗乾淨，客人們看得到的工具必須隨時清洗，保持乾淨。

清洗

※ 設置虹吸式咖啡專用流理台

◎過濾裝置 以過濾裝置專用刷具刷洗表面和側面，連背面都必須仔細地刷洗乾淨。吊掛起過濾裝置以免附著清潔劑泡沫。

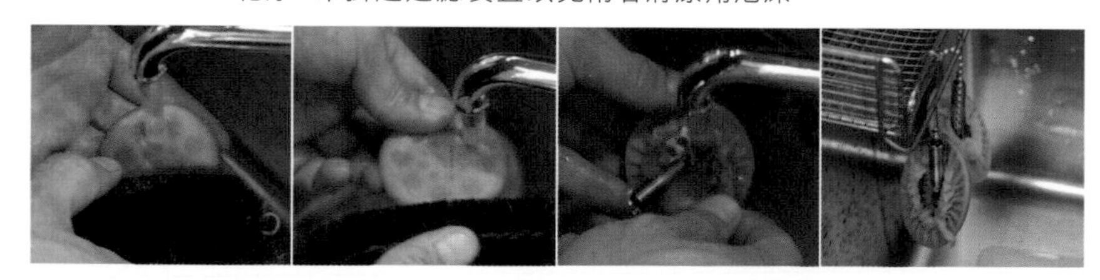

◎上壺 以上壺專用海綿洗掉內側的油脂成分，再將外側清洗乾淨。確認中心位置後再次裝入過濾裝置。

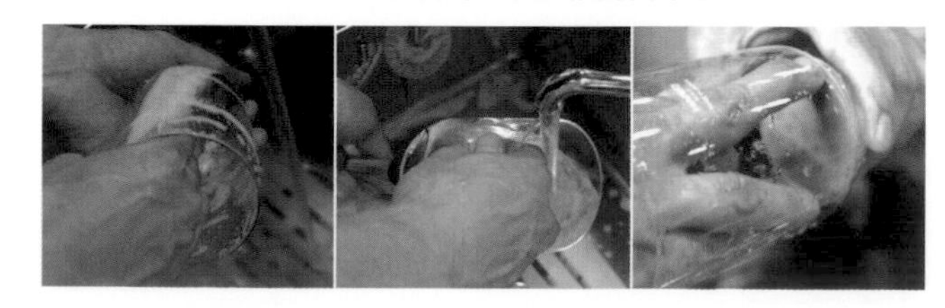

工具

◎竹製攪拌棒

留下端部，削細柄部，完成造型獨特的竹製攪拌棒。觀察斷面時，一側為平面，一側有弧度，完全是為了以船槳要領更順暢地攪拌而想出來的好點子。

◎湯匙

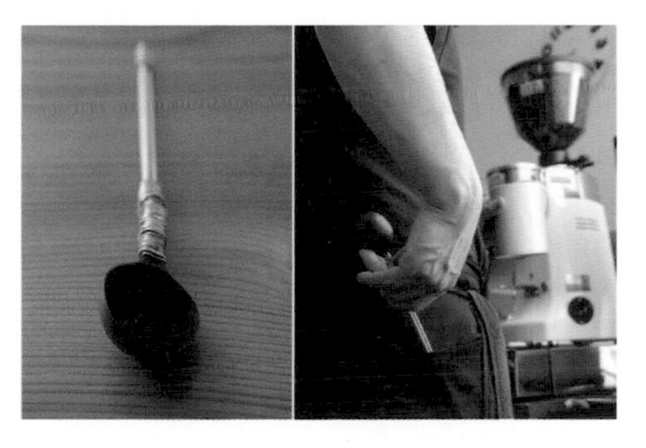

◎鋼杯

虹吸萃取原理
應用篇
冰咖啡

虹吸式冰咖啡的最大魅力在於後韻和香氣總是令人回味無窮。重點是必須以冰塊稀釋咖啡濃度，所以要加倍萃取咖啡液濃度，建議懷著萃取出來的份量會減半的心情，確實地萃取出咖啡濃度吧！

萃取咖啡前就先備妥裝滿冰塊的玻璃製咖啡壺和咖啡杯。

沖煮1杯份冰咖啡時，準備平時的1.5倍，約24g咖啡粉，以便萃取出冰塊溶解後味道不會變淡的濃度。

下壺內熱水煮沸後調節火力，沸騰狀態靜止後實際插入上壺。沖煮1杯份的熱水量通常為160ml。

相對於熱水，咖啡粉比例越高，越能均勻地接觸熱水，第一回攪拌作業必須做得比平常更用力、更確實。

浸漬時間通常為30秒，萃取冰咖啡時必須拉長時間，熱水上升後浸漬1分鐘，慢慢地萃取出咖啡成分。

POINT

加倍使用咖啡粉，攪拌後恢復靜止狀態時，確認熱水層和咖啡粉層的大致高度是否為1：2。

第二回攪拌時也用力地將咖啡粉攪拌入熱水中，完成後急速冷卻，味道就會變淡，時間越久，含水量越高，因此，看起來有點過度萃取也沒關係。

將萃取出來的咖啡液注入咖啡壺中，先大致冷卻一下。

提起咖啡壺，將大致冷卻的萃取液注入玻璃杯中，完成一杯充滿虹吸萃取特色，散發清新香味和純淨口感的冰咖啡。

虹吸萃取原理
應用篇
咖啡歐蕾

避免萃取出風味平淡，一入口就嚐到苦味的咖啡液，倒入奶水就散發出美妙風味的咖啡，重點在於奶水和咖啡比例。另一個要點為配合濃度和質感，淋漓盡致地萃取出咖啡味道。

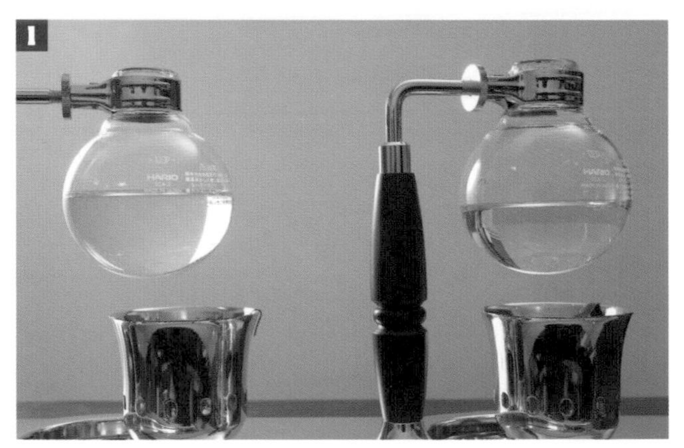

為了於最後階段添加奶水，下壺中注入100cc（照片右）熱水，準備萃取1杯份咖啡。左為平常用於萃取1杯份咖啡的160cc熱水量。

下壺內熱水煮沸後調節火力，熱水恢復靜止狀態後實際插入上壺。準備16g咖啡粉，用於萃取1杯份咖啡。研磨粗細度和熱咖啡大同小異。

第一回攪拌後設定浸漬時間，和沖煮熱咖啡時一樣，大約30秒。可加長萃取時間約15秒以便更確實地萃取出咖啡成分，但需避免浸漬時間過長而導致後味太重。

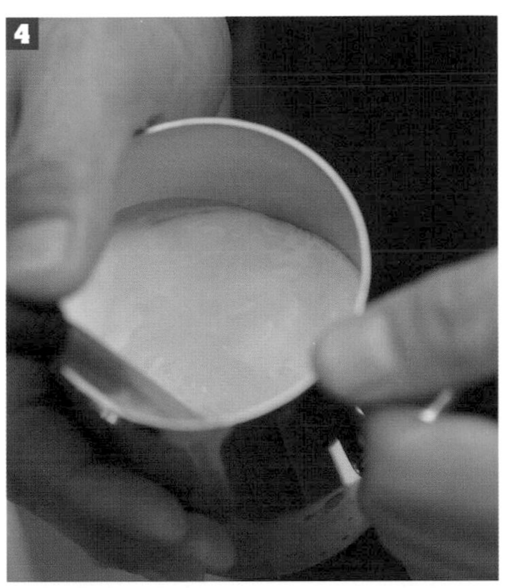

趁虹吸式咖啡浸漬空檔，將奶水倒入奶水壺中，利用義式濃縮咖啡機的蒸汽噴嘴加熱至65℃左右。

萃取後將咖啡液注入以隔水加熱等方式事先温熱的咖啡杯中，最佳狀況為大約萃取出60～70ml的咖啡液。

將奶水注入杯中，份量同咖啡液。和卡布奇諾、拿鐵不一樣，温度較高，容易燙傷，避免倒入奶水的泡沫。

虹吸萃取原理 應用篇

使用小型虹吸萃取裝置

如同使用瓦斯加熱器的虹吸萃取裝置，沖煮1杯份咖啡的熱水量為150～160ml，準備16g中細研磨的咖啡粉。酒精燈的火力比較弱，將事先煮沸的熱水注入下壺中。

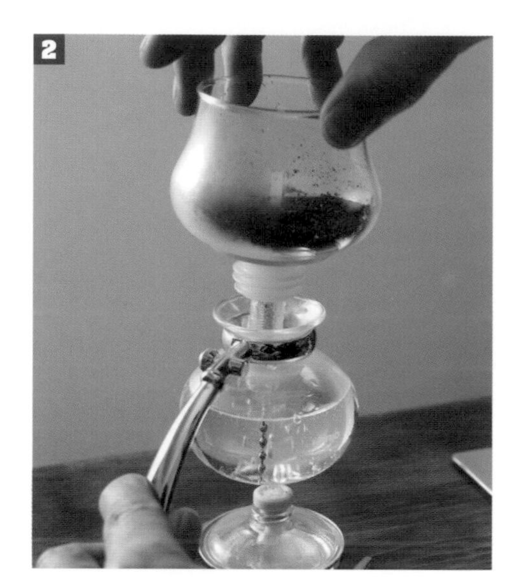

POINT

調整酒精燈的火力，以火苗端部接觸下壺底部時微微散開為大致基準。調整到熱水的沸騰狀態靜止下來後實際插入上壺。

熱水開始吸入上壺後進行第一回攪拌。上壺的形狀為上窄下寬的大肚型，必須確實地攪拌到上壺的邊緣。

第一回攪拌後上壺內出現細粉、粗粉、咖啡液形成的三層結構後靜止下來。浸漬30秒以萃取出咖啡成分。

離火後進行第二回攪拌。火力太強時，亦可於熱水上升約15秒後離火，靠餘熱萃取咖啡液。

萃取後咖啡液為120ml，以此為萃取量大致基準吧！過度萃取時最好於熱水上升約15分秒後離火，靠餘熱萃取出咖啡成分。

虹吸式和義式濃縮咖啡萃取實況

可善加利用虹吸式咖啡萃取過程中的浸漬、吸引等可完全離手的作業空檔，同時操作拿鐵或卡布奇諾咖啡萃取，以下為相關實況介紹。

◎實際注入方式

先以虹吸裝置萃取咖啡至完成第一回攪拌作業，再繼續萃取至浸漬狀態。

浸漬30秒，過程中將濾杓（portafilter）填入足量咖啡粉後卡入機器，再按下萃取義式濃縮咖啡的按鈕。

完成虹吸式咖啡浸漬作業後，接著完成第二回攪拌，進行至咖啡液回吸入下壺等步驟。

以虹吸裝置萃取咖啡液後，停止義式濃縮咖啡的萃取作業，將奶水處理成奶泡後注入杯中。

利用虹吸裝置萃取咖啡液後，先注入事先溫熱的咖啡杯中，再連同先前萃取的拿鐵或卡布奇諾一起端上桌。

SYPHON TALK

Yasutaka Iwao × Tsuyoshi Kira

虹吸式咖啡大師對談實錄

巖 康孝 × 吉良 剛

邂逅於比賽會場

巖先生(以下簡稱巖):我們應該是在咖啡大師(Barista Championship)比賽會場認識的對吧?

吉良先生(以下簡稱吉):沒有記錯的話,應該是2004年比賽的時候。

巖:我第二次參加比賽的時候…吉良先生是第一次對吧?

吉:我也是第二次,第一次在預賽的時候就敗下陣來(笑)。

巖:我們是比賽之後才開始交談。

吉:比賽中個個繃緊著神經,比賽後自然地產生了「親密戰友」的情誼,交談後很快地建立起深厚的感情。

巖:比賽期間完全處在戰鬥氣氛中,哪有心情交談呀!(笑)。我是因為2001年的冠軍頭銜而成了眾人關注的焦點。那回比賽的預賽階段,我和吉良先生同分,以並列分組冠軍成績進入總決賽。

吉:總之,總決賽時我是抱持著學習的心態,奮力一搏後得了第三名,更因為當時的激勵而痛下決心好好地練習,又聽說巖先生曾在飯店服務過,因此決定以您的工具用法、配置,乃至服裝為參考對象,卻發現每個部分都有很大的努力空間。我的感覺比較像咖啡店裡的Master,深知還有許多部分必須改進。後來針對「是否要投入咖啡店延伸的比賽活動」問題,重新做更慎重的自我確認後,終於意識到自己的工作必須隨時處在「眾人視線中」的道理。隔年比賽得到冠軍時,巖先生已經貴為評審了(笑)。

巖:因為我心裡有數,不可能有第三次機會啦(笑)。

吉:當時規定必須於11分鐘內同時提供4杯咖啡,老實說相當缺乏服務品質,必須非常冷靜沉著地應戰。現在,女性參賽者越來越多,包括餐桌擺設在內,主題性越來越強,或許也是原因之一吧!

巖:當時的比賽時間的確不夠,目前,比賽時間已經加長。我認為,當時參加的是一場和時間賽跑的比賽,情非得已,連說明部分都受到限制。

吉:總之,那一年的淬鍊讓我扎下了非常深厚的根基,之後,「年輕咖啡師們都在看,必須隨時意識著這件事情」的話就經常掛在我的嘴邊。靠花招參加比賽絕對無法獲勝,必須拿出日常工作中累積的真本事才可能脫穎而出。一旦站上吧台就不容許有半點的疏忽,必須將所作所為銘記在心,腦子裡只想著咖啡的事情也不行,包括吧台工作相關知識或其他領域都得學習,必須不斷地提昇實力,否則無法調煮出美味可口的咖啡。

GREENS
Coffee
Roaster
LA MARZOCC

決定從事咖啡相關工作

吉：事實上，我並不是一開始就從事咖啡相關工作，起初，我是在UCC直營餐廳的廚房裡工作，經過四年的努力後才說出想調職咖啡相關工作之意願，或許是自己經驗不足吧（笑），請調事宜未被採納，只好繼續從事外場工作，直到2001年才終於有了調動的機會，因此，接觸虹吸式萃取方式是最近的事情。

巖：我家曾經開過咖啡店，對我的影響非常大，因為從中、小學時期起，一放學我就會坐在店裡的吧台，看著虹吸壺沖煮咖啡的情形，雖然只能喝喝可可或咖啡歐蕾（笑）。因此，我比別人更有機會看到虹吸式咖啡的沖煮情形。只不過，當時我並不覺得那是一家「咖啡店」，一直認為那是「家業」，沖煮咖啡是稀鬆平常的事情，很自然地愛上了咖啡這個行業。

吉：日常生活中就能接觸到咖啡，影響的確不容小覷。不過，我也不遑多讓喔！因為我爺爺家開水果行，距離我們住的地方不遠，父母經常帶我到爺爺家玩或拜託照顧，因此，聽「歡迎光臨」這句招呼語根本是家常便飯。從事咖啡相關工作是因為自己對咖啡店master非常憧憬，好像是這個理由吧！靠自己做的東西賺錢養活自己，應該是受到這種想法的影響。

巖：的確會受到影響，從事買賣行業的人哪坐得住呀！（笑）。

吉：我啊！頂多待個十年（笑）。

巖：或多或少，難免有自我主張較強的部分，若以「自己的做法」為前提，在公司或組織中就會因為事情無法盡如人意而感到意興闌珊。「製作」是一種需要發揮創意的工作，一旦受到束縛就很難完成。

吉：對每件事情都開始產生「？」後就無法繼續待下去了。

巖：是的。若就此意義而言，亦可說是我父母開的咖啡店決定了我大學畢業後的努力方向，我選擇以咖啡業為謀生出路，雖然只是一項非常不起眼的工作（笑）。

吉：真是難以想像對吧！因為，從事其他工作的話，充其量只能找到事務職之類的工作。

巖：未必是那個因素，「因為想那麼做」、「只能那麼做」都是影響因素，實際原因我也不確定，可確定的是想要推廣精品咖啡、義式濃縮咖啡、虹吸式咖啡都不只是因素之一而是絕對必要。基本上必須選用好的素材，端出令人驚艷的東西，就像廚師精心挑選食材一樣，那是一流廚師的必要條件之一。

吉：我認為，好喝就好，我都是使用現磨的咖啡，當然，這是絕對必要的。

巖：是的，必須調煮出足以震撼五感的美味咖啡。

吉：說好聽一點是沒有憧憬，並不是很明確地「想要從事咖啡工作」而進入這個行業。

到底該重視品質，還是規模呢？

巖：仔細想想，我唯一能做的只有咖啡相關工作，希望提供最美好的味道，希望提供的大家都會喜歡，只是這個小小心願，問題是這個心願不能拿來當買賣賺錢。品質和規模是非常困難的問題。

吉：只有喜歡才可能把這件事情做好，有努力就有收穫，不過，這是一件辛苦程度超乎想像的工作，最困難的是必須處在實現夢想和咖啡店永續經營的夾縫中。每個人都有一個永遠的主題，那我呢？最令我感到困擾的是必須託付他人的事情無法託付他人。客人專程前來喝我調煮的咖啡，我到底該不該把調煮咖啡的工作交給別人來做呢？然而，假使凡事都自己動手做，自己又分身乏術，最後甚至可能無法為客人端上咖啡。既然是自己決定創業，又加上推廣品牌的企圖心，當然不想本末倒置地去完成，想到這一點時，讓我最在意的就是品質。巖先生最了不起的是五年來都是親手端出咖啡，那種辛苦絕非三言兩語所能形容，身邊存在這樣的朋友對自己是非常大的激勵。

巖：全力以赴，別無他法（笑）。

吉：喜歡這項工作，這種想法永遠不會改變，因此對於品質和規模在我心目中孰輕孰重問題，我回答不出來，因為自己對咖啡工作興趣盎然，和客人們的互動交談時更是樂在其中，表面看來大同小異，事實上，每天都有非常微妙的變化。每天的變化就是我繼續從

事這項工作的原因之一。一成不變的事情我不會，因此非常尊敬會的人。

巖：吉良先生最尊敬的人不是足球選手嗎？

吉：是的，直到現在我都很想像KING KAZU（足球選手三浦知良的暱稱）那樣（笑），希望能永遠站在工作崗位上，即便一天只能做個兩、三回，還是希望能永遠站在吧台前，繼續沖煮著咖啡，誠如俗話所言，「機會一定是給懷著堅定信念，永不放棄地繼續往前跑的人」，想做的事情非常多，不過，咖啡工作我是絕對不會放棄，這個決心非常堅定。

巖：具備專業意識，即便同業還是有值得我們學習的人，不過，加上專業就無業別之分，無論運動員、藝術家或音樂家，具備專業意識的人想法和一般人就是不一樣。他們會的我都不會，因此對他們總是敬佩得不得了。

吉：敬佩他們非常冷靜沉著對吧！

巖：一看到他們，就會因為自己的散漫而感到自慚形穢，覺得自己應該可以做得更好，因此經常因為過於專注而聽到「巖先生沖煮咖啡時的表情好可怕喔！」（笑）。

眼睛看不到的技術

巖：可是，真的想要調煮出美味咖啡的話，一定會全神貫注，甚至將自己的人生完全投注上去，好不容易才能沖煮出「嗯，味道不錯」的水準。一般人泡咖啡不會想那麼多吧！有點變態對吧（笑）。別人很難理解，一定會懷著「泡杯咖啡需要那樣嗎？」的想法。不過，我終究是一個冠軍得主，這也是因素之一。就萃取咖啡而言，還是有一些感覺未必是一般人所能理解。攪拌時，從攪拌棒傳到手指上的微妙壓力變化等感覺都會影響及咖啡味道，而那種感覺也只能意會而無法言傳。

吉：學校的教學機會越來越多，自己卻覺得越來越不明白。當然，無法百分之百地傳授，只能傳達個十之八九，拼命地傳達，充其量也只能傳達百分之九十，最後的百分之十只能憑感覺，就是無法完全地傳達。最近總算累積了相當多的咖啡沖煮經驗，終於發現「自己沒感覺就找不到」的道理。

巖：運動選手也一樣，不管聽進多少技術理論相關解說，還是很難以身體重現該動作，只能靠自己的感覺去揣摩。別人七手八腳地指導揮棒，一到了比賽還是打不出好球。

吉：足球的運球也一樣，球傳到自己跟前時，感覺完全不一樣，因此，咖啡同樣有「因為已經變好喝了嘛！」的領域。

巖：可是，運動可確切地看到實力或結果，沖煮咖啡時即便加入了各種構想或技術，一聽到「不好喝」，所有的努力都將付諸東流。

吉：咖啡是嗜好品，這一點讓我比較害怕。

巖：最困難的是沒有絕對正確的答案。打擊姿勢漂不漂亮沒關係，安打就是安打；偶然間踢進球門，得一分就是一分，沖煮咖啡則不一樣，即便自己認為完美無缺，結果還是必須由他人來評斷，最難拿捏的就是這一點，不管您怎麼說，最後的評斷依據完全在於味道好不好。不過，這一點也是我覺得最有趣之處。

吉：咖啡並非可以客觀看待的東西，難就難在沖煮出來的咖啡無法以評分來評斷好壞。

巖：的確，咖啡大師比賽中假使不是沖煮出特別難喝的味道，多少都能得到一些技術方面的分數，都有機會得獎，到店裡來享用咖啡的客人則未必如此。得冠軍的確不容易，不過，能端出好喝的咖啡，吸引客人到店裡來消費更是難上加難。重點在於合不合客人們的口味，必須針對客人們的基準端出美味的咖啡才行，而且不只是一天喔！每天都不間斷地，必須以維持一貫水準為前提，深入思考咖啡味道重現問題。

吉：今天真不想開店，有時候難免會出現這樣的心情（笑）。

巖：一開始就知道那是不可能的任務，懷疑自己能不能繼續地端出相同味道的咖啡，不過，為了提昇原本為零的重現性，還是不斷地自我挑戰，勇敢地面對各種挑戰。

萃取咖啡沒有規則

吉：起初，味道並不穩定，費盡了千辛萬苦才終於驗證出自己的操作方式對咖啡味道產生什麼樣的作用，找出為

GREENS
Coffee
Roaster

CAUTION
DANGER

什麼無法維持一貫水準的理論依據。最大問題在於攪拌和熱水的溫度，「沸騰」說起來很簡單，事實上溫度並不一樣對吧？熱水煮得咕嚕咕嚕地直冒泡叫做沸騰，水面完全靜止下來也叫做沸騰。沖泡出來的咖啡味道因沸騰程度和攪拌的關係而大不相同，必須找出最好的處理方式。攪拌為最直接接觸咖啡的處理作業，對咖啡味道絕對有影響，需要一些時間才能找到自己最滿意的做法。有能力為客人們說明，安心感就會油然而生。客人問道「為什麼會變成這樣呢？」的問題時，當然不能回答「從別人那裡聽來的」吧！除了閱讀教科書外，還必須自己動手試試看，了解作用為什麼發生、如何發生。必須歷經一段艱辛過程才能抬頭挺胸，非常有自信地對客人說明「我正在做…」。我最喜歡追根究柢的過程，總是樂在其中，相對地，也是令我感到最煩惱的時期。咖啡味道上或許沒有變化，不過，假使能找到依據，為客人們說明，自己就會變得更有自信，就會有更進一步的成長、改變。

巖：基本上，攪拌作業並無規則可依循，重點在於技術上之掌控。我真的會調節了嗎？難免有人會擔心吧！重點不在於咖啡，一個人沒有向上之心，沒有欲望的話，什麼事情都辦不成。「我這樣就夠了」，一旦出現這樣的念頭，成長腳步就會停頓下來，就無法邁向終點。達到某種程度後還是會出現「這樣好嗎？」的念頭，心裡覺得還有不足之處，才會努力地去追求。

吉：最初，聽到「請往逆時鐘方向攪拌」時應該是立即出現「為什麼？」的念頭，出現「難道不能往另一個方向攪拌嗎？」的想法才對。馬上出現「為什麼？」，就不會輕易地應聲「是」後照著做。當時，我最先出現的是「為什麼要這麼做呢？」的念頭。

巖：攪拌方向？這種事情我從來沒想過，基本上，我會選用自己覺得最順手的攪拌方式，因為，我根本不懂那些規則（笑）。從事服務業的人的確有必須遵守的規則，那是另外一回事，順時鐘攪拌假使能攪拌出更美好的味道，那我一定會照著做，問題是根本沒那麼一回事，一定要弄清楚。

吉：我即便已經在學校裡教書，還是經常出現學習後照單全收，完全沒有產生疑問的情形。這本書只是一本操作手冊，閱讀後堅信不疑絕對行不通，建議您當做某種程度之參考，督促自己不斷地往前邁進。教科書上的知識必須親自體驗過後才能學上身，必須自己動手試試看才知道往哪個方向攪拌能夠沖煮出最美味的咖啡。過去，我甚至聽過「因為住在北半球，所以…」的說法（笑）。聽到「往地球自轉相反方向攪拌，熱水才會慢慢地吸回下壺中」時，因為我不知道「慢慢地吸回到底有什麼好處？」而無法開口反駁。出現這種情形時不妨自己想辦法找出最能說服別人的說法。

巖：就「驗證」觀點而言，我認為咖啡大師競賽正是自我檢視咖啡調製能耐的絕佳時機，必須於規定時間內同時端出好幾杯味道均一的咖啡，擬定這條規定的主要原因為，假使沒有在先前的處理過程中先決定規則，經過計算，就無法沖煮出一杯杯品質相同的咖啡。最容易發生的問題是沖煮出來的咖啡量不一樣，其次為咖啡濃度不一樣。從一開始的咖啡粉或熱水的計量上就不夠周延，當然無法沖煮出相同份量、相同濃度的咖啡。想要沖煮出相同品質的咖啡，連攪拌強度或程度都必須一致。必須決定規則，排除不均要素，才能齊備所有的條件。

目的不是要萃取1杯咖啡，同時萃取4杯美味咖啡最困難。要端出一杯充滿美感的咖啡不困難，最重要的是那杯咖啡好不好喝。除非是比賽場合，否則不會苛求兩方面都必須處理得很協調。每天沖煮一杯咖啡，一天沖煮4、5回的確能鍛鍊出技巧，問題是材料費用非同小可，還必須突破各種限制。既然要投入比賽，當然得付出各種代價，必須積極尋求各種場合，才有展示實力和一較高下的機會。

不必在意別人的技術嗎？

吉：選擇虹吸式咖啡的原因之一為味道範圍比較廣，即便使用相同的咖啡豆，巖先生的方法非常獨到，我也有我的方法。既不必挑選咖啡豆，還可因應寬廣的焙煎程度，更可從萃取時間或研磨粗細度方面下功夫。以相同的咖啡豆呈現出不同的咖啡風味，我是因為這個關係而認為範圍非常廣。我這麼說並不表示我們的技術上全然沒有相同之處。

巖：基本上，對於別人的作法，我是既不了解也不干涉。聽到別人的說法後我總是恍然大悟，原來對方都是這麼做呀！不過，具體而言，我還是不了解。

吉：這麼說來，彼此之間並未談論過虹吸式咖啡的技術上話題囉！親眼目睹時，某些部分的確有過「原來是這麼做呀！」的感覺，卻未曾提過虹吸式咖啡的話題。

巖：我經常光顧餐廳、蛋糕店或麵包店，但很少走進咖啡店。相對地，當吉良先生到我家時，即便沖煮咖啡款待他，我也不會特別在意，認為沒有必要特別去修飾。任何人都一樣，都是以平常心看待，不會特別做出不一樣的舉動。因為我認為，那個時候絕對不會沖煮出特別美味的咖啡，「原來是這個味道啊」，對方喝了後出現這種想法就夠了。

吉：要看的話，我會看器具的配置和虹吸式咖啡調理台是否乾淨。看到胡亂配置或不乾淨，就會覺得對方缺乏「生財器具」意識。誠如菜刀對廚師的重要性，對我而言，虹吸萃取裝置是非常重要的器具，當然必須清理得很乾淨。其次為操作上使用，還有磨豆機和熱水的配置情形。操作動作流暢、無阻礙即證明配置得當。沖煮結果象徵著咖啡店的獨特味道，我不會評頭論足，只會表示喜歡不喜歡。我也是以這種方式端出咖啡。

巖：某位料理評論家就曾說過，好廚師的基準在於「吃遍四方」，必須嚐過各種味道，聽過對方的說法後我頗有同感，認為咖啡店負責人也必須喝遍四方。

吉：確實需要。

巖：同行設店自有他們的理念、商品創意或靈感，咖啡味道因地區或店家而不同，基本做法並沒有什麼不一樣。我自己做的就非常的普通平常。

虹吸式咖啡的好球帶

巖：實際去看看才發現虹吸式咖啡店非常少對吧？（笑）

吉：的確少得可憐（笑）。

GREENS
Coffee
Roaster

巖：虹吸式咖啡店陸續開張，增加期間不會投入。反而是自古永續經營的咖啡店順應時代潮流而繼續發展，博得認同，所以，感覺起來咖啡店家數並未增加，基本上，應該是已經瀕臨絕種的行業。一度為世人們遺忘的行業，該立場絲毫沒有改變。不過，畢竟是業務導向，因此，只有咖啡店或咖啡廳才能喝到虹吸式咖啡的特徵非常鮮明，美中不足的是尚未掌握到咖啡味道萃取要領的情形極為常見，還沒有找到「虹吸式咖啡是這種味道喔！」的好球帶，還不明白虹吸方式能不能萃取出自己想要的味道。以滴漏式萃取為例，因咖啡味道實在是太深奧了，所以，利用該方式還無法萃取出溫潤順口的美味咖啡。萃取時間和溫度之差異中明顯涵蓋屬於其他層次，素稱「吸引」的要素，因此，假使不深入了解虹吸咖啡的獨特味道，當然無法萃取出其中精髓。最重要的是您想萃取出什麼。

吉：由此可見，今年，從您開始從事義式濃縮咖啡，接著又挑戰焙煎作業，您對咖啡又有更深一層的了解囉！雖然只有短短的兩個月。最主要的食材出現變化令人感到不安，不過，還好情況總算穩定下來（笑）。

巖：重點在於是否調煮出自己的獨特味道，和流行無關，必須具備「自己的咖啡是這樣的咖啡」的概念，而生豆的選用、焙煎、混合、萃取、提供都必須和自己的概念很契合。重點在於如何調理素材的味道，創作出最美味的作品而不是只談論素材的味道。

吉：本店也是以中度焙煎為基本。本店為非常本土，咖啡文化非常深厚的咖啡店，因此不希望像沖煮美式咖啡一樣，以熱水稀釋咖啡液，都是直接沖煮出濃度適中的咖啡液。

巖：有能力提供可口美式咖啡的咖啡店非常少，因為業者總認為用熱水稀釋一下就好，不願意花太多心思調理咖啡（笑）。事實上，口味清爽和味道太淡不一樣，感覺就像廚師在熬湯頭。

吉：味道太淡就不能稱為美式咖啡。美式咖啡必須是有味道且濃淡適中。我是懷著永不服輸的堅定信念經營咖啡店，採用美式咖啡專用焙煎方式。

巖：因為咖啡既是嗜好品，同時也是料理項目之一。

吉：關於追求美好味道，我一直認為任何東西都必須達到「甘甜才美味」的目標，基本構想為如何引出甘甜味道。任何東西都有甜味，湯頭或肉品都能嚐到甘甜滋味，這就是營造味道的基本概念。苦味因甘甜味道而成立，酸味中還是能嚐出柑橘類的酸甜滋味。混合咖啡豆時也一樣，必須思考如何留下甘甜味道。吃西瓜時加鹽就是要引出其中甜味。加熱時必須慢慢地調節火力，和烹煮菜餚時一樣，以光爐虹吸裝置加熱時也必須慢慢地調節火力，方法還可應用在焙煎咖啡豆上。接著談到攪拌，應避免攪拌過度，溫度也不能調太高，拿捏得當即可避免咖啡味道過度萃取問題，因為使用虹吸方式很容易萃取出多餘的味道。使用虹吸萃取方式並非為了引出咖啡味道，而是必須設法避免咖啡特有的甘甜味道流失。「嗯，很甜」，這就是我最喜歡聽到的一句話。

採虹吸萃取方式的另一個因素

吉：我是從料理界踏入咖啡的世界，因此對於如何加熱食材烹煮出美味佳餚瞭若指掌，當然知道只靠熱水和咖啡豆兩樣食材就要烹煮出一道好吃的菜是多麼地困難。我喜歡的應該是這種匠心獨具的特質。深知自己無法成為一位帥氣十足的咖啡調理師，心想至少得選用一些堪稱職人、咖啡職人的咖啡調煮方法吧！因此對於沖煮咖啡一點也不會感到厭煩。最棒的是那種自己動手，花時間、花功夫製作的感覺，或許是自己非常喜歡利用機械、花心思做東西的那種感覺吧。

巖：相較於濾紙滴漏法，虹吸萃取方式確實比較費功夫，而且，必須有依循的基準才能穩定地沖煮出相同的味道。「虹吸萃取方式最容易訂定基準」，講座中經常聽這句話，也是非常正確的說法，解說書籍中亦可讀到「先量好熱水和咖啡粉」，至於能否穩定地沖煮出好味道則另當別論。這部分最麻煩，因為，無法穩定沖煮出咖啡味道的話，大家就會敬而遠之。

吉：找不到優點（笑）

巖：因此，虹吸萃取方式能否普及，完全在於各店家或個人之判斷，最重要的是必須繼續地以虹吸裝置萃取出好喝的咖啡，完全是這種做法的延伸。目前國外也相當廣泛採用虹吸萃取方式，希望這樣的趨勢能繼續維持下去。外國人不知道能不能像日本人一樣，非常有耐性地，多費一些功夫地繼續以這種方式萃取咖啡呢？虹吸裝置並非追求效率的工具，期望使用情形能更加地落實。

吉：國外以安裝金屬製過濾裝置的虹吸設備為大宗，感覺上比較著重於使用方便性等操作效率。

巖：不鏽鋼材質的上壺也會越來越普遍，強調的是裡面的情形看不看得到沒關係。

吉：摔到地上不會破，所以越來越多人使用，或許也是因素之一。自動攪拌的機器也可考慮看看（笑），沖煮效率更好，可穩定地沖煮出相同味道的設備都值得考慮使用。

巖：感覺一定很不一樣對吧（笑）。

吉：目前趨勢應該是從國外進口回日本，顯見虹吸式咖啡已經重新受到了重視。去年我剛參加過西雅圖的咖啡巡禮，發現已經有許多店家採用虹吸萃取裝置，美國人特質喜新厭舊，不過反應非常快，因此，我認為提昇虹吸式咖啡關心度的時機即將到來，而日本人的弱點是「外國流行就是好東西」。我們可是從老早以前就開始採用卻沒有人認為好？（笑）。不過，一些想要從事咖啡工作的人說不定會因為這個關係而試試虹吸萃取方式呢。是好是壞另當別論，我認為，我們必須準備迎接這個時機的到來。直到現在都還肯花時間、花功夫，這不就是日本人嗎？因此，這種匠心獨具的特質一定會更加地發揚光大。

巖：虹吸裝置確實是日本人獨自發展、進化的萃取工具，我認為稱它為日本獨創工具也不為過，世界上再也找不到能在商業場合將虹吸裝置運用得這麼徹底的國家了。新加坡等國曾經出現過，亞洲各國中找不到第二個能持續地使用虹吸裝置的國家。

吉：我想，只有日本以主要機種推出虹吸萃取裝置。有些店家因為「虹吸裝置是非常耗時費事的工具」等因素而另闢虹吸式咖啡區，除了日本外，沒有任何國家會以主要營業項目提供相關服務。因耗費時間而不採用，我認為這種說法實在太牽強（笑）。「取一杯虹吸咖啡來喝喝吧！」我曾經請教過說這句話的人，得到的答案是，「我只是想喝純咖啡！」這還不能算是懂得喝虹吸咖啡喔！採用虹吸萃取方式的日本人逐漸遞減中，我不否認使用虹吸裝置確實比較費工夫，不過，還是覺得從事虹吸式咖啡工作非常有意義。

巖：就這一點，建議深入了解，絕對不能輕易地就認定那是虹吸宿命。

吉：當做附屬工具無法使用得很純熟，比如說，一天只萃取1、2回，很可能因為評價不好而導致工具必須束之高閣。

巖：採用虹吸裝置的咖啡店必須確實扮演好餐飲店的角色，沖煮出最美味的咖啡、確實做好使用器具的維護保養工作，以便隨時都能以最清潔光亮的虹吸裝置為客人沖煮咖啡。吉良先生的店裡不就是這麼做嗎？客人甚至忍不住開口問道「你們店裡的虹吸壺都擦得這麼晶亮嗎？」（笑）。

吉：偶而也會看到下壺煮得焦黑或附著一層白垢的情形（笑）。沒有巖先生擦得那麼晶亮。問題在於平常有沒有擦。擦得晶亮自己看了也高興，而且，我不希望虹吸咖啡在我們的世代終結掉，希望下一個世代能感受到虹吸式咖啡的魅力而傳承下去。衷心期盼能找到腳踏實地、非常認真地想投入虹吸式咖啡工作的人。虹吸萃取過程非常神奇有趣，很容易引起孩子們的興趣，再加上一、兩句解說，擺在吧台上更能博得客人們的歡心。虹吸萃取方式難免因匠心獨具的特質而有令人難以接受的部分，不過，假使能成為令人憧憬的職業，或在孩子們的心中留下美好印象而促使孩子們立志從事這個行業，將是我選擇這個職業的最大意義。虹吸咖啡消失的話我將會無比的感傷，希望有人能繼續傳承下去。

巖：時代潮流無法違逆，不過虹吸萃取方式還是不斷地進化著，比起十年前，已經博得更廣泛的認同。2001年我榮獲冠軍頭銜時，情形和現在差很多，當時市面上雖然能看到一些虹吸裝置，雜誌上還很少看到虹吸式咖啡相關報導，都是報導一些純咖啡店、咖啡餐廳等非常傳統的項目，做夢都沒想過自己會出書、撰寫虹吸式咖啡相關書籍（笑）。一想到2005年以來內容突然變成目前這番景象，就更加激勵自己勇往直前，我覺得情形已經開始朝著好的方向發展。

吉：義式濃縮咖啡最令人羨慕之處為博得相當多年輕朋友們的喜愛。不管是好是壞，最重要的是有更多人產生興趣，有人真正地想投入這個行列。令人不解的是，花上60萬日圓（約台幣22萬）就能買到設置三個光源加熱爐的虹吸萃取裝置的普及率，竟然比不上得花上好幾百萬日圓才能買到咖啡機的義式濃縮咖啡。

巖：舉辦活動時不能帶著虹吸萃取裝置，原因是必須清洗，用途不廣。義式濃縮咖啡機可用於製作各種飲料，虹吸咖啡機還能做什麼呢？意思是虹吸咖啡設備競爭力不如人，連店裡採用都得搭配義式濃縮咖啡機。事實上，將虹吸萃取裝置擺在店面上，就操作性能而言，義式濃縮咖啡機和虹吸裝置之相容性絕佳。

吉：搭配其他器具，陸續添購是一個好辦法，重點是必須大幅增加點用時的選項。我認為採用虹吸裝置好處多

GREENS
Coffee
Roaster

多，有些客人一開始只點用卡布奇諾之類的咖啡，看到虹吸萃取裝置後都會好奇地問道：「這是什麼機器呢？」，對虹吸裝置產生了興趣，有些客人甚至提出「我可以點這部機器沖煮出來的咖啡嗎？」。「我家也有光爐虹吸裝置，也可沖煮這種咖啡喔！」，話匣子就此打開，話題中總會聊到，「我回家後提到虹吸裝置的事情，聽說都收到倉庫裡去了。」最高興的是其中不乏回答「我想再拿出來試試看」的客人，感覺像被人重新拿出來檢視。做一件年輕人感到新鮮，年長的人感到懷念不已的事情，得到的反應是「時代真的很不一樣了」。深深地感到這一代的年輕人正以嶄新的觀點看著局勢發展，時機似乎已經成熟了。

巖：只能盡力而為，有時候難免也會充滿著無力感。就經濟觀點而言，辭掉咖啡店工作是因為咖啡店無法繼續經營，勉強撐下去無法繼續端出虹吸式咖啡，認為必須轉換跑道，另闢一個迎接客人的場所，絕對不能繼續這麼耗下去。而且，要開店的話，一定是開虹吸式咖啡店，必須是一個寬敞舒適，客人們可盡情地享受虹吸式咖啡樂趣的空間。

吉：自己的工作必須由周邊的人去評價，「不想失去」就是最堅強的後盾。巖先生在家時總是看著父母親的背影，希望自己能成為最帥氣體面的老人家，知道孩子們想效法自己，父母親一定會感到很欣慰，認為自己做對了一件事情，把事情做得很成功吧！

巖：我認為，能夠達成設定目標就夠了。「希望能像這家店一樣」，手法或

味道都能超越創新，以我們為目標的話，就不會變得太奇怪。

吉：虹吸式咖啡世界不乏年輕人投入，自從到學校任教以來，碰到不少立志獨立開店的學生或退休後想從事咖啡相關工作的人，非常勇敢地選修、挑戰虹吸式咖啡這門課而讓我感到很欣慰。或許是因為自己喜歡而從事這個行業，希望得到別人認同的心理作祟吧！虹吸式咖啡評價低落令我感到很不服氣，希望「虹吸式咖啡也非常好喝喔！」這句話能更廣泛地被運用。

巖：虹吸式咖啡的優雅形象越來越提昇，從事咖啡工作的那段期間，我也曾經採用過「立飲式虹吸式咖啡」和「義式濃縮咖啡」的組合陳列方式，積極地從事過嶄新的嘗試。因為年輕一代站上吧台更容易博得下一個世代的支持，有年輕人的參與更容易產生變化，因為，俯瞰時就會發現業界確實在變化著。綜觀媒體方面的介紹或資訊，滴漏式咖啡並無多大改變，虹吸式咖啡的比例卻已顯著地提昇。

吉：重點是希望大家能試著使用看看，這是日本老祖宗留下來的智慧結晶，希望讓更多人去接觸，沒用過當然不知道它的優點，對咖啡師而言，多接觸不同的萃取工具才能走出更康莊的大道。凡事不能過於偏頗，應該更廣泛地接觸，最好挑選困難度更高、更能表現自己的工具。

巖：虹吸式、滴漏式或義式濃縮咖啡都一樣，重點是每一種都該嘗試看看，競爭越激烈越能提昇水準，越能燃起鬥志對吧！

吉：放馬過來！是這種感覺嗎!?（笑）

Profile

Yasutaka Iwao

巖　康孝 （いわお　やすたか）

生於兵庫縣神戶市，G-CUBE有限公司代表取締役（相當於董事長職），歷經飯店等工作，2000年起繼承家業經營咖啡店，2001年、2004年參加日本咖啡師大賽（Japan Barista Championship），2005年獨立創業，設立併設咖啡店的GREENS Coffee Roaster。2011年起變更經營為咖啡豆銷售專門店，2011年成立「G-CUBE DESIGN」品牌設計公司。

獲獎經歷
2001年　2001年全日本咖啡大師競賽冠軍
2004年　日本咖啡師大賽（虹吸式咖啡組）冠軍

GREENS Coffee Roaster
（グリーンズ コーヒー ロースター）

〒 650-0065
兵庫縣神戶市中央區元町高架通 3-167
Tel&Fax 078-332-3115
店休日　星期二
營業時間　11：00～19：00

Tsuyoshi Kira
吉良　剛 （きら　つよし）

生於日本三重縣桑名市，Cafe de Un Daniels（カフェ・ド・アン・ダニエルズ）負責人。1995年任職於UCC Food Service Systems株式會社，曾派駐名古屋、京都、東京，歷任店長、Block Manager等職務。2007年任職壱番窯有限公司，設立Cafe de UN。2011年獨立經營，設立Cafe de UN Daniels。

獲獎經歷

2004年　UFS Barista Contest（虹吸式咖啡組）冠軍
　　　　日本咖啡師大賽（虹吸式咖啡組）季軍
2005年　日本咖啡師大賽（虹吸式咖啡組）冠軍
2008年　2008 UCC Coffee Master（虹吸式咖啡組）冠軍

目前不再參與比賽，具SCAJ認證評審資格，從事世界盃虹吸式咖啡大賽評審工作。

Cafe de UN Daniels
（カフェ・ド・アン・ダニエルズ）

〒 511-0065
三重縣桑名市大央町49-6
Tel&Fax 0594-23-7030
店休日　全年無休
營業時間　10：00〜21：30（最後點餐時間21：00）

TITLE

冠軍咖啡調理師 虹吸式咖啡全示範

STAFF

出版　瑞昇文化事業股份有限公司
作者　巖 康孝　吉良 剛
譯者　林麗秀

總編輯　郭湘齡
文字編輯　王瓊苹　林修敏　黃雅琳
美術編輯　李宜靜
排版　朱哲宏
製版　明宏彩色照相製版股份有限公司
印刷　皇甫彩藝印刷股份有限公司
法律顧問　經兆國際法律事務所　黃沛聲律師

戶名　瑞昇文化事業股份有限公司
劃撥帳號　19598343
地址　新北市中和區景平路464巷2弄1-4號
電話　(02)2945-3191
傳真　(02)2945-3190
網址　www.rising-books.com.tw
Mail　resing@ms34.hinet.net

本版日期　2015年11月
定價　300元

國家圖書館出版品預行編目資料

冠軍咖啡調理師虹吸式咖啡全示範／巖康孝，吉良剛作；林麗秀譯. -- 初版. -- 新北市：瑞昇文化，2013.04
104面；18.2x25.7 公分

ISBN 978-986-5957-54-4 (平裝)

1. 咖啡

427.42　102005051